浦谷 規 監修
シリーズ
〈金融工学の基礎〉
3

確率と確率過程

伏見正則 著

朝倉書店

まえがき

　本書は，講談社が昭和62年に刊行した「理工学者が書いた数学の本」シリーズの中の拙著『確率と確率過程』(以下，これを原著と呼ぶ)の復刻版である．ただし，原著の忠実な復刻ではなく，誤植は訂正し，版も組みなおしている．

　講談社のシリーズ全体の刊行のねらいは，次のように述べられている．「大学初年級の数学は，数学の専門家に教わる．こうして正装した体系を見るのもよいが，腕まくりして対象に切りこむ物理や工学のセンスに合わないのが問題だ．こちらでは何よりも直感がものをいうし"10トン積みのトラックに13トン積んで"走ってみる奔放さもある．……本シリーズでは，定義も定理も構成も，使う人の眼で見直して，数学者のカリキュラムに挑戦する．」

　このねらいに沿って書いた原著では，直感的な理解を重視した記述を心がけ，数学的に厳密な証明は大幅に割愛した．一般に，確率の教科書は，確率論の専門家が書いた，定理やその証明を厳密に記述した"由緒正しい"ものと，統計の教科書の"前座"的な扱いのものが多いが，原著はその中間的な性格のものであった．幸い，この性格が少なからぬ支持を得て，多くの大学などで教科書としてご採用いただき，版を重ねた．しかし，刊行からかなりの年数が経過したということで，数年前に絶版となってしまった．ご採用いただいていた大学の先生方からは，類書が無くて困っているので，何とかならないかというご要望をいただいたが，そのままになっていた．

　その後しばらくしてから，法政大学の浦谷　規　教授から，朝倉書店が刊行するファイナンス関係のシリーズの中に復刻版として加えたいというご提案をいただいた．ファイナンスのための確率・確率過程論ということになると，ブラウン運動や確率微分方程式の話も欠かせないと思ったが，それは別の独立した一冊の本として，シリーズの中に収める予定であるということなので，特に加筆することなく，内容的にはほぼ原著のまま収録してもらうことにした．そういうわけで，本書は，ファイナンスのための確率・確率過程論を勉強するための入門書としてだけでなく，広く工学や物理学などの諸分野で使う確率や確率過程の教科書としても使っていただけるのではないかと考えている．

この本の出版にあたっては，多くの方にお世話になった．まず，上記のご提案をしてくださった浦谷教授および復刻を快諾してくださった講談社に感謝する．朝倉書店編集部には，出版にこぎつけるまで多大のご尽力をいただいた．また，原著にあった誤植を指摘してくださった方々にも感謝の意を表したい．

　2004 年盛夏　瀬戸市にて

伏見　正則

目　　次

1. 確率空間 ……………………………………………………… 1
  1.1　確率空間 …………………………………………………… 1
  1.2　確率に関する基本的な公式 ……………………………… 3
  1.3　確率の連続性 ……………………………………………… 7
  1.4　条件つき確率 ……………………………………………… 8
  1.5　独立性 ……………………………………………………… 11

2. 確率変数 ……………………………………………………… 15
  2.1　確率変数と分布関数 ……………………………………… 15
  2.2　離散型分布と連続型分布 ………………………………… 17
    2.2.1　離散型分布 …………………………………………… 17
    2.2.2　連続型分布 …………………………………………… 21
  2.3　確率変数の同時分布 ……………………………………… 26
  2.4　確率変数の独立性 ………………………………………… 29
  2.5　独立な確率変数の和の分布 ……………………………… 30

3. 確率変数の特性値 …………………………………………… 36
  3.1　平均値 ……………………………………………………… 36
    3.1.1　離散型分布の場合 …………………………………… 36
    3.1.2　連続型分布の場合 …………………………………… 39
    3.1.3　平均値の性質 ………………………………………… 41
  3.2　分散 ………………………………………………………… 43
  3.3　高次モーメント …………………………………………… 47

4. 母関数と特性関数 …………………………………………… 49
  4.1　確率母関数 ………………………………………………… 49
  4.2　モーメント母関数 ………………………………………… 52

4.3 特性関数 …………………………………………………… 54
   4.4 中心極限定理 ……………………………………………… 58

5. ポアソン過程 …………………………………………………… 65
   5.1 確率過程の基本概念 ……………………………………… 65
   5.2 ポアソン過程の諸性質 …………………………………… 68
   5.3 非斉時ポアソン過程 ……………………………………… 74
   5.4 複合ポアソン過程 ………………………………………… 77

6. 再生過程 ………………………………………………………… 80
   6.1 基本的事項 ………………………………………………… 80
   6.2 再生方程式 ………………………………………………… 81
   6.3 極限定理 …………………………………………………… 84

7. マルコフ連鎖 …………………………………………………… 92
   7.1 基本的事項 ………………………………………………… 92
     7.1.1 推移確率 ……………………………………………… 92
     7.1.2 チャプマン-コルモゴロフの方程式 ………………… 96
   7.2 状態の分類と性質 ………………………………………… 97
     7.2.1 同値類 ………………………………………………… 97
     7.2.2 周期 …………………………………………………… 98
     7.2.3 再帰性 ………………………………………………… 98
   7.3 吸収確率と平均吸収時間 ………………………………… 106
     7.3.1 吸収確率 ……………………………………………… 106
     7.3.2 有限マルコフ連鎖における平均吸収時間 ………… 107
   7.4 推移確率に関する極限定理 ……………………………… 109
   7.5 定常分布と極限分布 ……………………………………… 110

付　録 ……………………………………………………………… 124
練習問題の略解 …………………………………………………… 127
索　引 ……………………………………………………………… 139

1

確 率 空 間

1.1 確 率 空 間

　普通のさいころをころがすと，1～6の目のうちのいずれか1つが出ることはわかっているが，そのうちのどれが出るかは，事前にはわからない．一般に，ある操作を行って得られる可能性のある結果の全体はわかっているが，そのうちのいずれが得られるかは予見できないとき，この操作のことを**確率試行**，**確率実験**，あるいは単に**試行**，**実験**などという．試行の結果得られる可能性のある個々の結果のことを**標本点**といい，標本点の全体 Ω（オメガ）のことを**標本空間**という．さいころの例では，$\Omega=\{1,2,3,4,5,6\}$ である．

　さいころをころがす目的は場合によって異なり，出る目が丁(偶数)であるか半(奇数)であるかに興味があることもあるだろうし，たとえば5以上の目が出ることを望むこともあるであろう．このように，われわれが興味をもっている事柄のことを**事象**という．数学的には，事象というのは，**標本空間**の部分集合のことである．今後は，事象という言葉と部分集合という言葉を同じ意味で使う．いま例示した事象は，それぞれ部分集合 $A_1=\{2,4,6\}$, $A_2=\{1,3,5\}$, $A_3=\{5,6\}$ に相当する．

　試行の結果，ある標本点 $\omega\in\Omega$ が観測されたときに，ω がある部分集合 A に含まれている $(\omega\in A)$ ならば，事象 A が起こったという．さいころの例では，$\omega=5$ が出たとすると，事象 A_2 および A_3 が起こったことになる．

　任意の事象 A に対して，その**余事象** A^c というのは，A が起こらなかったとき，またそのときに限って，起こる事象のことで，集合論の記号で書けば

$$A^c=\{\omega\in\Omega:\ \omega\notin A\} \tag{1.1}$$

である（図1.1）．2つの事象 A_1, A_2 に対して，それらの**和事象** $A_1\cup A_2$ というのは，A_1 あるいは A_2 の少なくとも一方が起こったとき，またそのときに限って，

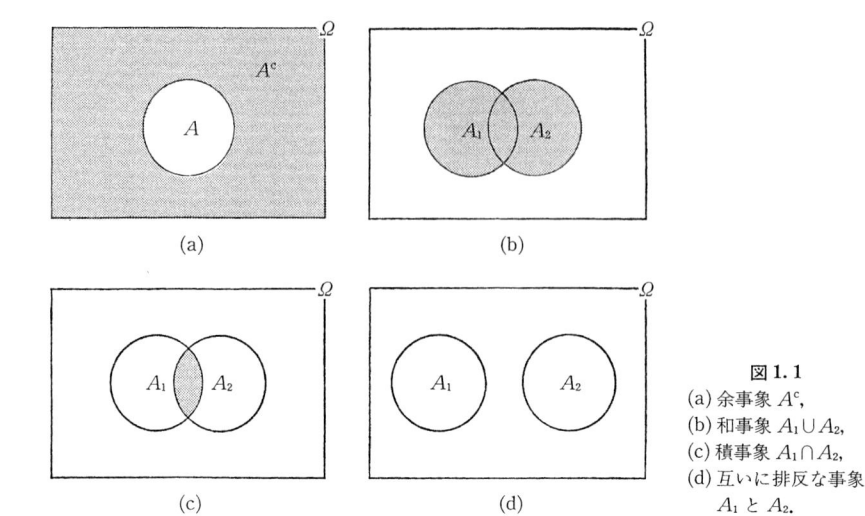

図 1.1
(a) 余事象 A^c,
(b) 和事象 $A_1 \cup A_2$,
(c) 積事象 $A_1 \cap A_2$,
(d) 互いに排反な事象 A_1 と A_2.

起こる事象のことである：
$$A_1 \cup A_2 = \{\omega \in \Omega : \omega \in A_1 \text{ または } \omega \in A_2\} \qquad (1.2)$$

A_1 と A_2 の**積事象** $A_1 \cap A_2$ というのは，A_1 と A_2 がともに起こったとき，またそのときに限って，起こる事象のことである：
$$A_1 \cap A_2 = \{\omega \in \Omega : \omega \in A_1 \text{ かつ } \omega \in A_2\} \qquad (1.3)$$

特に，$A_1 \cap A_2$ が空集合 ϕ になるとき，すなわち集合 A_1 と A_2 が互いに素であるときには，事象 A_1 と A_2 は互いに**排反**な事象であるという．

3つ以上の事象の和事象，積事象も同様にして定義される．また，3つ以上の事象があって，そのうちのどの2つをとっても互いに排反である場合，これらの事象は**互いに排反**であるという．

どのような事象に興味をもつかは，もちろん目的によって異なるから，同一の標本空間に対しても，いろいろな事象群が考慮の対象となりうる．しかし，確率の議論をする場合には，ある1つの目的のために考える事象群 $\mathcal{A}$ は，つぎの条件を満たしていることが要請される．

【B1】 Ω が $\mathcal{A}$ に含まれている．

【B2】 事象 A が $\mathcal{A}$ に含まれているならば，A の余事象 A^c も $\mathcal{A}$ に含まれている．

【B3】 $A_1, A_2, \cdots$ が $\mathcal{A}$ に含まれているならば，それらの和事象 $A_1 \cup A_2 \cup \cdots$ $\left(= \bigcup_{i=1}^{\infty} A_i\right)$ も $\mathcal{A}$ に含まれている．

これらの3つの条件をすべて満たす $\mathcal{A}$ のことを**ボレル集合体**という．

これらの3つの条件が成立すると，以下の条件も自然に成立することが簡単に導かれる．

【B4】 空集合 ϕ が，$\mathcal{A}$ に含まれている．[$\phi = \Omega^c$ であるから，[B1] および [B2] から導かれる．]

【B5】 $A_1, A_2, \cdots$ が $\mathcal{A}$ に含まれているならば，それらの積事象 $A_1 \cap A_2 \cap \cdots \left(= \bigcap_{i=1}^{\infty} A_i \right)$ も $\mathcal{A}$ に含まれている．
[集合論における**ド・モルガンの法則**
$$\left(\bigcap_{i=1}^{\infty} A_i \right)^c = \bigcup_{i=1}^{\infty} A_i^c \tag{1.4}$$
と，[B2] および [B3] を使って導かれる．]

興味をもつ事象の集まりであるボレル集合体 $\mathcal{A}$ が定まったならば，つぎは $\mathcal{A}$ に含まれる個々の事象が起こる**確率**（**確率測度**ということもある）が問題となる．事象 A の起こる確率を $P(A)$ という記号で表すことにする．確率 $P(\cdot)$ はつぎの性質をもっている．

【P1】 任意の事象 A の確率は 0 と 1 の間の実数である：
$$0 \leq P(A) \leq 1 \tag{1.5}$$

【P2】 標本空間全体 Ω の確率は 1 である：
$$P(\Omega) = 1 \tag{1.6}$$

【P3】 $A_1, A_2, \cdots$ が互いに排反な事象であるならば
$$P\left(\bigcup_{i=1}^{\infty} A_i \right) = \sum_{i=1}^{\infty} P(A_i) \tag{1.7}$$
である．性質 [P3] は**完全加法性**とよばれている．

以上を要約すると，まず，試行の結果起こりうる結果の集合 Ω を考え，つぎに Ω の部分集合の集まりで性質 [B1]～[B3] を満たすボレル集合体 $\mathcal{A}$ を導入し，最後に，$\mathcal{A}$ の要素に実数値を対応させる関数で性質 [P1]～[P3] を満たすものとして確率 $P(\cdot)$ を定義したのである．そこで，$\Omega, \mathcal{A}$ および P の3つを組にして $(\Omega, \mathcal{A}, P)$ と書き，これを**確率空間**とよぶ．

1.2　確率に関する基本的な公式

確率に関する議論をする場合には，ボレル集合体に含まれるすべての集合（事

象) に対する確率をあらかじめ列挙しておくことはまれ (あるいは不可能) で，基本的な事象に対する確率を基にして，必要に応じて他の事象の確率を計算するのが普通である．その際に有用ないろいろの公式が確率の基本的な性質 [P1]〜[P3] から導かれる．以下にそのような公式のいくつかを列挙しておこう．

【P4】 $P(\phi)=0$ (1.8)

【P5】 $A_1, A_2, \cdots, A_n$ が互いに排反な事象であるならば
$$P\left(\bigcup_{i=1}^{n} A_i\right)=\sum_{i=1}^{n} P(A_i) \tag{1.9}$$

【P6】 任意の A に対して
$$P(A^c)=1-P(A) \tag{1.10}$$

【証明】 $A_1=\Omega$, $A_2=A_3=\cdots=\phi$ として [P3] および [P2] を用いると，[P4] が得られる．つぎに，$A_1, A_2, \cdots, A_n$ を互いに排反な事象とし，$A_{n+1}=A_{n+2}=\cdots=\phi$ として [P3] と [P4] を用いると [P5] が導かれる．最後に $n=2$, $A_1=A$, $A_2=A^c$ として [P2] と [P5] を使うと [P6] が得られる．■

$A=\bigcup_i A_i$ (有限個あるいは無限個の和) とおいて，[P6] およびド・モルガンの法則 (1.4) を使うと

【P7】 $P(\bigcup_i A_i)=1-P(\bigcap_i A_i^c)$ (1.11)

が導かれる．これは，$A_1, A_2, \cdots$ のいずれかが起こる確率は，それらのいずれも起こらない確率を 1 から引いたものに等しいことを示している (図 1.2)．

つぎの性質 [P8] は，複雑な事象の確率を計算する際に，確率を計算しやすい単純な事象に分解して考える根拠になっているものである．

【P8】 $B_1, B_2, \cdots$ が互いに排反な事象の系列で $\bigcup_i B_i=\Omega$ ならば，任意の事象 A に対して
$$P(A)=\sum_i P(A\cap B_i) \tag{1.12}$$

【証明】集合論における分配法則を使うと

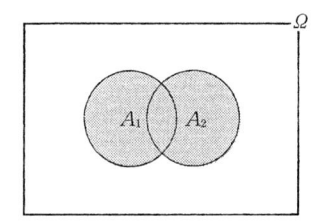

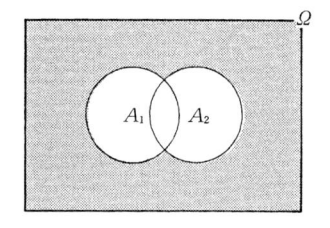

図 1.2　和事象 $A_1\cup A_2$ とその余事象 $(A_1\cup A_2)^c=A_1^c\cap A_2^c$

$$A = A \cap \Omega = A \cap (\bigcup_i B_i) = \bigcup_i (A \cap B_i)$$

が成り立つ(図1.3). 系列 $B_i(i=1,2,\cdots)$ が互いに素であるから, 系列 $A \cap B_i(i=1,2,\cdots)$ も互いに素であり, したがって, [P5] を使って式 (1.12) が得られる. ∎

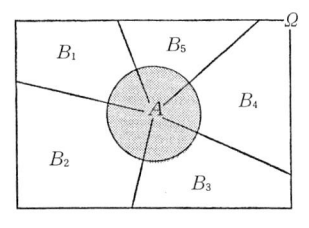

A_1, A_2 が互いに素ならば, [P5] により $P(A_1 \cup A_2) = P(A_1) + P(A_2)$ が成り立つが

図1.3 $A = \bigcup_{i=1}^{5}(A \cap B_i)$

【P9】 A_1, A_2 が必ずしも素でない場合には

$$P(A_1 \cup A_2) = P(A_1) + P(A_2) - P(A_1 \cap A_2) \tag{1.13}$$

が成り立つ. これを確率の**和の公式**という. 図1.4に示すように, 単純に $P(A_1)$ と $P(A_2)$ の和を求めると, $A_1 \cap A_2$ に対応する確率を2重に加えてしまうことになるので, $P(A_1 \cap A_2)$ を引いて調整しているのである.

【証明】 形式的な証明はつぎのようにすればよい. 図1.5に示すとおり

$$A_1 \cup A_2 = (A_1 \cap A_2^c) \cup (A_1^c \cap A_2) \cup (A_1 \cap A_2)$$

で, 右辺の3つの括弧内の集合は互いに素であるから, [P5] により

$$P(A_1 \cup A_2) = P(A_1 \cap A_2^c) + P(A_1^c \cap A_2) + P(A_1 \cap A_2) \tag{1.14}$$

である. ところが, [P8] により

$$P(A_1 \cap A_2^c) = P(A_1) - P(A_1 \cap A_2)$$
$$P(A_1^c \cap A_2) = P(A_2) - P(A_1 \cap A_2)$$

が成り立つから, これらを式(1.14)に代入すれば [P9] が得られる. ∎

事象が3つの場合の**和の公式**はつぎのとおりである.

【P10】
$$P(A_1 \cup A_2 \cup A_3) = P(A_1) + P(A_2) + P(A_3)$$
$$- \{P(A_1 \cap A_2) + P(A_2 \cap A_3) + P(A_3 \cap A_1)\}$$
$$+ P(A_1 \cap A_2 \cap A_3) \tag{1.15}$$

[P9] の場合と同様にして, この公式の意味は, 図1.6を参照して, つぎのように理解できるであろう. 図で, A_1 は右上がりの斜線, A_2 は右下がりの斜線,

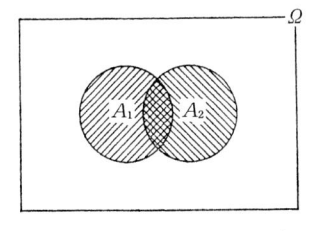

図1.4 和の公式の説明図(1) 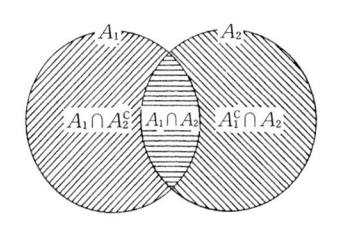   図1.5 和の公式の説明図(2)

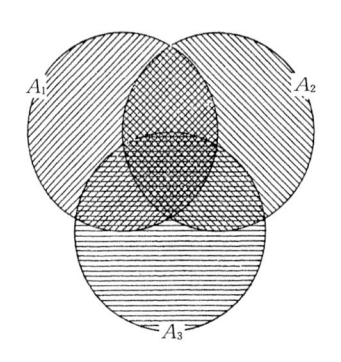

図1.6 3つの事象に関する和の公式の説明図

A_3 は水平線で影をつけてある．$A_1 \cup A_2 \cup A_3$ の確率を求めるのに，$P(A_1), P(A_2), P(A_3)$ を単純に加え合わせると，影が2重，3重になっている部分の確率は，2重，3重に加えられてしまうことになる．そこで，まず2重に加えられている部分に対する補正を行うために

$$\{P(A_1 \cap A_2) + P(A_2 \cap A_3) + P(A_3 \cap A_1)\}$$

を引く．ところが，これでは3重に加えられていた部分の確率の3倍が引き去られてしまって，まったく勘定に入れられないことになるので，最後にその部分の確率 $P(A_1 \cap A_2 \cap A_3)$ を加えているのである．

事象が4つ以上あるときも同様で，一般につぎの**和の公式**が成り立つ．

【P11】 $S_m = \sum_{i_1 < i_2 < \cdots < i_m} P(A_{i_1} \cap A_{i_2} \cap \cdots \cap A_{i_m})$ とすると

$$P\left(\bigcup_{i=1}^{n} A_i\right) = S_1 - S_2 + S_3 - S_4 + \cdots + (-1)^{n-1} S_n \tag{1.16}$$

ただし，S_m の右辺の $\sum$ は，n 個の整数 $1, 2, \cdots, n$ の中から相異なる整数を m 個選ぶあらゆる組合せ*について加えることを意味する．

【例1.1】あるパーティーで，n 人の参加者が1つずつプレゼントを持ち寄り，主催者がこれを集めて，帰りに n 人に1つずつランダムに配るものとする．このとき，自分が持って来たプレゼントを持って帰る人が少なくとも1人出る確率 P_1 を求めよう．（この問題は，モンモールの問題とか，偶然の一致の問題などとよばれている．）

まず，参加者に1番から n 番までの番号をつけて考えることにし，i 番の参加者が自分の持参したプレゼントを持ち帰るという事象を A_i としよう．A_i が起こる確率は，n 枚のカードに1から n までの番号をふり，よく切ってから1枚ずつ左から右へ並べて行くときに，i 番目に i 番のカードが来る確率に等しい．n 枚のカードを切ってから並べるときの番号の並び方には $n!$ 通りの可能性（順列）があり，そのうちのどの順列が現れる確率も $1/n!$ に等しい．

---

* このような組合せは，全部で
$$\binom{n}{m} = n(n-1) \cdots (n-m+1)/m! = \frac{n!}{(n-m)! \, m!}$$
通りある．$\binom{n}{m}$ は2項係数とよばれ，${}_nC_m$ という記号で表されることもある．

A_i は，i 番目に i 番のカードが現れる場合に相当し，残りの $(n-1)$ 枚のカードはどんな順番に現れてもよいから

$$P(A_i) = (n-1)!/n!$$

となる．同様に考えて

$$P(A_{i_1} \cap A_{i_2}) = (n-2)!/n!$$
$$P(A_{i_1} \cap A_{i_2} \cap A_{i_3}) = (n-3)!/n!$$
$$\cdots\cdots\cdots$$
$$P(A_{i_1} \cap A_{i_2} \cap \cdots \cap A_{i_m}) = (n-m)!/n!$$

が成り立つことがわかる．したがって

$$S_m = \binom{n}{m} \cdot \frac{(n-m)!}{n!} = \frac{1}{m!}$$

$$P_1 = P\left(\bigcup_{i=1}^{n} A_i\right) = 1 - \frac{1}{2!} + \frac{1}{3!} - \cdots + (-1)^{n-1}\frac{1}{n!}$$

となる．$n = 3, 4, 5, 6, 7$ の場合の P_1 を計算するとつぎのようになる．

$n=$	3	4	5	6	7
$P_1=$	.66667	.62500	.63333	.63194	.63214

ところで，e^x の $x=0$ のまわりのテイラー展開（マクローリン展開）

$$e^x = 1 + \frac{x}{1!} + \frac{x^2}{2!} + \frac{x^3}{3!} + \cdots$$

と比較すると，n があまり小さくなければ P_1 は $1-e^{-1}$ にきわめて近いことが予想される．実際，$1-e^{-1} = 0.63212\cdots$ であり，$n=7$ 程度でも，$1-e^{-1}$ は P_1 に対するよい近似値である．このように，P_1 が n にほとんど無関係であるということは興味深いことである． □

1.3 確率の連続性

ときには，無限に多くの事象からなる系列があって，それらの確率の極限についての議論をする場合がある．そのようなときには，つぎの性質が基本的な役割を演ずる．

> **【P12】** 無限の系列 $A_1, A_2, A_3, \cdots$ があって，単調な包含関係 $A_1 \subset A_2 \subset A_3 \subset \cdots$ を満たしているものとする．
>
> $A = \bigcup_{i=1}^{\infty} A_i$ と定義すると

$$P(A)=\lim_{i\to\infty}P(A_i) \tag{1.17}$$

が成り立つ.

【P13】 無限の系列 $A_1, A_2, A_3, \cdots$ があって,単調な包含関係 $A_1\supset A_2\supset A_3\supset\cdots$ を満たしているものとする.
$A=\bigcap_{i=1}^{\infty}A_i$ と定義すると

$$P(A)=\lim_{i\to\infty}P(A_i) \tag{1.18}$$

が成り立つ.

[P12] および [P13] は,つぎのような意味で,確率の連続性を表している.単調 (増加あるいは減少) な事象の系列 $A_1, A_2, \cdots$ の極限を A とすると,$P(A_1)$, $P(A_2), \cdots$ の極限が存在して,それは $P(A)$ に等しい.

【証明】 [P12] を証明する.

$$B_1=A_1,\ B_2=A_2\cap A_1^c,\ B_3=A_3\cap A_2^c,\ \cdots$$

とすると (図 1.7),$B_1, B_2, B_3, \cdots$ は互いに素で

$$\bigcup_{i=1}^{n}B_i=A_n,\quad \bigcup_{i=1}^{\infty}B_i=A$$

である.したがって [P5] により

$$P(A_n)=\sum_{i=1}^{n}P(B_i)$$

が成り立つ.$n\to\infty$ の極限をとると

$$\lim_{n\to\infty}P(A_n)=\sum_{i=1}^{\infty}P(B_i)$$

となる.ここで,[P3] (完全加法性) を使って

$$\sum_{i=1}^{\infty}P(B_i)=P\Bigl(\bigcup_{i=1}^{\infty}B_i\Bigr)=P(A)$$

が得られる. ∎

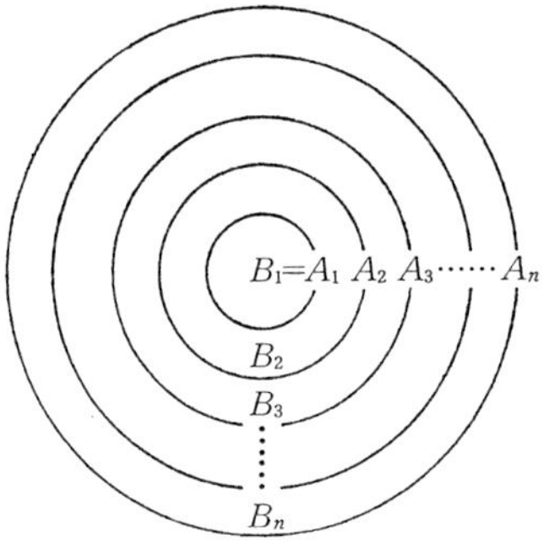

図 1.7 確率の連続性 [P12] の説明図

【問】 [P13] を証明せよ.[ヒント:$A_1^c, A_2^c, \cdots$ が単調に増加する事象の系列であることに注意し,[P12] および [P6] を使うとよい.]

1.4 条件つき確率

【例題 1.1】 ある抽せん会で,抽せん器の中に赤球 7 個,白球 7 個が入っている.抽せん器を 1 回転させると球が 1 個出てくるが,それが赤なら '当たり',白なら 'はずれ' である.また,いったん出た球は,元にはもどさないものとする*.

この場合，最初に抽せん器をまわした人が当たりになる確率は 3/10 である．
(1) 最初が当たりであった場合，つぎも当たりになる確率はいくらか．
(2) 最初がはずれであった場合，つぎが当たりになる確率はいくらか．

【解】(1) 最初が当たりであった場合，抽せん器の中には赤球 2 個，白球 7 個が残っている．したがって，つぎに赤球が出る確率は

$$\frac{2}{2+7}=\frac{2}{9} \quad \left(<\frac{3}{10}\right)$$

(2) この場合，抽せん器の中には，赤球が 3 個，白球が 6 個残っている．したがって，つぎに赤球が出る確率は

$$\frac{3}{3+6}=\frac{3}{9} \quad \left(>\frac{3}{10}\right)$$

この例でみられるように，一般に，最初の試行の結果が何であったかによってつぎの試行の結果の確率が変わってくる．そこで，最初の試行の結果として B という事象が起こったものとして，つぎの試行で A という事象が起こる確率を $P(A|B)$ という記号で表して，B が起こったという条件の下で A が起こる**条件つき確率**という．$P(A|B)$ はつぎの式で定義される．

【定義】 $P(A|B)=\dfrac{P(A\cap B)}{P(B)}$ (1.19)

この式は $P(B)>0$ のときにだけ意味がある．$P(B)=0$ のときの条件つき確率は定義しない．

【例題 1.2】 日本全国で子どもが 2 人の家庭を取り上げ，彼らの性別を考えよう．第 1 子と第 2 子を区別することにすると，全部で 4 通りの構成があり

$$\Omega=\{男男,\ 男女,\ 女男,\ 女女\}$$

である．上記の家庭の中からランダムに 1 家庭を選んだとき，Ω の中のいずれの構成の家庭が選ばれる確率も 1/4 であるものとする．選ばれた 1 家庭の中に男児が 1 人はいることがわかった (事象 B) として，その家庭の残りの子どもも男である (事象 A) 確率はいくらか．

【解】 $B=\{男男,\ 男女,\ 女男\}$，$A\cap B=\{男男\}$ であるから

$$P(A|B)=P(A\cap B)/P(B)=\frac{1}{4}\Big/\frac{3}{4}=\frac{1}{3}$$

---

* このような抽出のし方を，**非復元抽出** (sampling without replacement) という．これに反して，出た球をそのつど元にもどすやり方は，**復元抽出** (sampling with replacement) とよばれる．

条件つき確率に関する，いくつかの性質や公式をつぎに挙げよう．

【C1】 B を固定して，$P(A|B) \equiv P^*(A)$ を A の関数とみなすと，$P^*(A)$ は標本空間 Ω のボレル集合体 $\mathcal{A}$ に対する確率（測度）になっている．したがって，1.3節で述べた諸公式が適用できる．

【C2】 式 (1.19) は $P(A \cap B)$ から $P(A|B)$ を計算するために使えるが，場合によっては，逆に $P(A|B)$ があらかじめわかっていて，それから $P(A \cap B)$ を計算したいこともある．そのときには，式 (1.19) を
$$P(A \cap B) = P(B)P(A|B) \tag{1.20}$$
と書き替えて使う．これを**積の公式**という．

【C3】 $B_1, B_2, \cdots$ が互いに素で $\bigcup_i B_i = \Omega$ ならば，任意の A に対して
$$P(A) = \sum_i P(B_i) P(A|B_i) \tag{1.21}$$
が成り立つ．これを**全確率の公式**という．さらに，$P(A) > 0$ ならば
$$P(B_j|A) = \frac{P(B_j)P(A|B_j)}{\sum_i P(B_i)P(A|B_i)} \tag{1.22}$$
が成り立つ．これを**ベイズの公式**という．

【証明】 確率の性質 [P8] および上記の [C2] から，式 (1.21) がただちに導かれる．また
$$P(B_j|A) = \frac{P(B_j \cap A)}{P(A)} = \frac{P(B_j)P(A|B_j)}{P(A)}$$
であり，分母の $P(A)$ に式 (1.21) を代入すれば式 (1.22) が得られる． ∎

【例 1.2】 [例題 1.1] の抽せん会で，最初に抽せん器をまわす人と，2 番目に抽せん器をまわす人では，どちらが有利かを考えよう．最初に抽せん器をまわす人が当たりになる確率は 3/10，'はずれ'になる確率は 7/10 である．2 番目に抽せん器をまわす人が'当たり'になる確率は，[例題 1.1] の結果および全確率の公式を用いて
$$\frac{3}{10} \times \frac{2}{9} + \frac{7}{10} \times \frac{3}{9} = \frac{3}{10}$$
となる．したがって，当たる確率は，抽せん器をまわす順番に無関係である．このことは，もっと一般的に成り立つ．たとえば選挙の際に，立候補者の届出順を決めるくじを引くのに先だって，そのくじを引く順番を決めるためのくじを引くことがよく行われているようであるが，これは確率論の立場からはまったく無意味なことである． □

【例 1.3】某社では,ある装置を製造するために多数必要な同一部品を 3 つの会社 B_1, B_2, B_3 から購入している.購入数量の比率は 50%,30%,20% であり,1 台の装置に使用する割合もこの比率である.また各社が納入してくる部品 1 個が使用開始後 1 年以内に故障する確率は,それぞれ 0.015, 0.025, 0.035 であるものとする.使用開始後 1 年で部品 1 個が故障した(この事象を A と書く)として,それが B_1, B_2, B_3 社製のものである確率を求めよう.

$$P(B_1)=0.50, \qquad P(B_2)=0.30, \qquad P(B_3)=0.20,$$
$$P(A|B_1)=0.015, \qquad P(A|B_2)=0.025, \qquad P(A|B_3)=0.035,$$
$$\sum_{i=1}^{3}P(B_i)P(A|B_i)=0.0075+0.0075+0.0070=0.022$$

であるから,ベイズの公式により

$$P(B_1|A)=P(B_2|A)=\frac{0.0075}{0.022}\fallingdotseq 0.34$$

$$P(B_3|A)=\frac{0.0070}{0.022}\fallingdotseq 0.32$$

となる. □

1.5 独　立　性

1.4 節でみたとおり,確率 $P(A)$ と条件つき確率 $P(A|B)$ とは一般には等しくない.すなわち,事象 B が起こったことによって,事象 A の起こりやすさが変わってくる.しかし,場合によっては

$$P(A|B)=P(A) \tag{1.23}$$

が成り立ち,A の起こりやすさが,B が起こったことによる影響を受けないこともある.このとき,事象 A と B とは (互いに) **独立**であるという.条件つき確率の定義式 (1.19) を使うと,式 (1.23) は,$P(B)>0$ ならば

$$P(A\cap B)=P(A)P(B) \tag{1.24}$$

と同等である.式 (1.24) は $P(B)=0$ のときも意味があり,また A と B について対称な形の式になっているので,独立という性質の定義としては,式 (1.24) を採用しておくほうが都合がよい.

【定義】2 つの事象 A, B が**独立**であるというのは,式 (1.24) が成り立つことである.

式 (1.20)(積の公式) と比較すると，式 (1.24) は，A と B が独立な場合の積の公式になっていることに注意しておこう．

3つの事象 A, B, C があって
$$P(A \cap B) = P(A)P(B)$$
$$P(B \cap C) = P(B)P(C) \qquad (1.25)$$
$$P(C \cap A) = P(C)P(A)$$
がすべて成り立てば，定義により，A と B, B と C, および C と A はそれぞれ互いに独立である．しかし，それでも
$$P(A \cap B \cap C) = P(A)P(B)P(C) \qquad (1.26)$$
は成り立つとは限らない．したがって，たとえば，$A \cap B$ と C とは互いに独立であるとは限らない．このことを簡単な例で示そう．

$\Omega = \{1, 2, 3, 4\}$ とし，各点に 1/4 の確率を与える．このとき $A = \{1, 2\}$, $B = \{1, 3\}$, $C = \{1, 4\}$ とすると，$P(A) = P(B) = P(C) = 1/2$ である．また，$A \cap B = B \cap C = C \cap A = \{1\}$ であるから，式 (1.25) が成り立つことがわかる．ところが，$P(A \cap B \cap C) = P(\{1\}) = 1/4 \neq P(A)P(B)P(C)$ である．実際，$P(C|A \cap B) = 1$ であり，$A \cap B$ が起こると必ず C が起こることになり，$A \cap B$ と C は独立ではない．

'独立' という言葉に関するわれわれの常識からすれば，A, B, C が独立であるというならば，それらを任意に組合せたもの同士が互いに独立であるようになっていると考えるのがふつうであろう．そこで，式 (1.25) に加えて式 (1.26) も成り立つときに，事象 A, B, C は互いに独立であると定義するのである．

もっと一般に，n 個の事象の独立性も同様に定義する．

> 【定義】n 個の事象 $A_1, A_2, \cdots, A_n$ が互いに独立であるというのは，この中から選んだ任意の事象の組 $A_{i_1}, A_{i_2}, \cdots, A_{i_k}$ について
> $$P(A_{i_1} \cap A_{i_2} \cap \cdots \cap A_{i_k}) = P(A_{i_1})P(A_{i_2}) \cdots P(A_{i_k}) \qquad (1.27)$$
> が成り立つことである．

【問】A, B, C が互いに独立ならば，$A \cup B$ と C も互いに独立であることを示せ．

【問】$A_1, A_2, \cdots, A_n$ が互いに独立ならば，これらを $m (< n)$ 個の組に分け，各組に含まれる事象の中で $\cup$（和事象），$\cap$（積事象），^{c}（余事象）をとる演算を適当に施して得られる事象の系列 $B_1, B_2, \cdots, B_m$ も互いに独立になることを示せ．

事象の独立性を基にして，**試行の独立性**が定義される．すなわち，2つ以上の

試行があって，その結果生ずる任意の事象の組も独立であるとき，これらの試行は独立であるという．

練習問題

1.1 100円，50円，および10円硬貨を1枚ずつ用意し，これらを投げて，表(H)が出たか，裏(T)が出たかを記録する．たとえば(H, T, H)は，100円と10円硬貨は表が，50円硬貨は裏が出たことを示すものとする．
(1) この実験の標本空間 Ω は何か．
(2) 100円，50円，10円硬貨の表が出るという事象をそれぞれ A, B, C と書くことにする．このとき，つぎの各事象に含まれる標本点を列挙せよ．
$$A, \ B \cup C, \ B \cap C, \ A^c \cap B, \ (A \cup B^c) \cap C$$
(3) どの硬貨にも偏りがない，すなわち表の出る確率も裏の出る確率も等しく 1/2 であるものとすると，(2)の各事象の起こる確率はいくらか．

1.2 A, B, C を3つの事象とするとき，つぎの各事象はどのように書き表せるか．
(1) A, B, C のうちの少なくとも1つが起こる．
(2) A, B, C のどれも起こらない．
(3) A, B, C のうち，ちょうど2つが起こる．
(4) A, B, C のうち，2つ以上が起こる．
(5) A, B のうちの一方だけが起こり，C は起こらない．

1.3 1台のコンピュータが1週間の間に故障する確率は p であるものとする．n 台のコンピュータを同時に1週間使用するとき，少なくとも1台は故障しない確率 P を求めよ．$p = 0.01$ のとき，$P \geq 0.9999$ とするためには，n はいくつ以上にしたらよいか．

1.4 ある走高跳びの選手は，10回の試技(試行)のうち3回は高さ 1.5 m のバーを越えられるという．この選手が3回以内の試技でこのバーを越えられる確率はいくらか．

1.5 3つの事象に対する確率の和の公式(1.15)が成り立つことを証明せよ．

1.6 ABO式の血液型は，染色体中の1対の遺伝子座に A, B, O の3つの遺伝子のうちのどの組合せが存在するかによって決まる．A, B は優性で，O は劣性である．したがって，表1.1に示すように，遺伝子の組合せ(遺伝子型)は6通りあるが，血液型(表現型)は A, B, AB, O の4通りである．表の百分率は，日本人におけるおおよその頻度を示したものである．(『平凡社世界大百科事典』による．)

　子どもは両親から1つずつ遺伝子をもらう．各親のもっている2つの遺伝子のうちのどちらをもらう確率も 1/2 である．

表 1.1 ABO 式血液型の構成と頻度（日本人）

表現型	頻度(%)	遺伝子型	頻度(%)
A 型	39	AA	8
		AO	31
B 型	22	BB	3
		BO	19
AB 型	10	AB	10
O 型	29	OO	29

表 1.2 ABO 式血液型の遺伝（日本人）

両親の組合せ	子の型とその出現頻度(%)			
	O	A	B	AB
O×O	100	0	0	0
O×A	40	60	0	0
O×B	43	0	57	0
O×AB	0	50	50	0
A×A	16	84	0	0
A×B	17	26	23	34
A×AB	0	50	20	30
B×B	19	0	81	0
B×AB	0	22	50	28
AB×AB	0	25	25	50

(1) 両親の血液型のすべての組合せについて，生まれてくる子どもの血液型の出現頻度（百分率）が表 1.2 のようになることを確かめよ．

(2) 両親の血液型の組合せが O×A の場合に，最初に生まれた子どもの血液型が A 型だったとしたら，A 型の親の遺伝子型が AO である確率はいくらか．

(3) 両親の血液型の組合せが A×B の場合に，最初に生まれた子どもの血液型が AB 型だったとしたら，A 型の親の遺伝子型が AO である確率はいくらか．また，B 型の親の遺伝子型が BB である確率はいくらか．

2 確率変数

2.1 確率変数と分布関数

【例2.1】ある商店街の歳末大売り出しの空くじなしのくじ引きで，抽せん器をまわして出た球の色が，赤，青，黄，緑，白のいずれであるかによって，それぞれ10,000円，5,000円，1,000円，500円，100円の商品券が当たるという．抽せん器には極めてたくさんの球が入っていて，各色の球の個数の割合は，上記の順番に0.1%, 0.5%, 2%, 10%, 87.4%であるという．この場合，われわれはもらえる商品券の額面に興味があるので，それらを記号Xで表すことにしよう．標本空間は

$$\Omega = \{赤, 青, 黄, 緑, 白\}$$

で，Ωの各点ωに対してXの値が定まるので，Xはωの関数であるといえる．各$\omega(\in\Omega)$に対してXがとる値$X(\omega)$，およびその確率をまとめて書くと表2.1のようになる． □

一般に，任意の確率空間$(\Omega, \mathcal{A}, P)$についても，同様にして，すべての点$\omega(\in\Omega)$にそれぞれある実数値を対応させる関数Xを考えることができる．ただし，われわれはXがいろいろな実数値をとる確率を問題にしなければならないので，Pを基にしてその確率が計算できるXだけを考慮の対象とする．そのようなXのことを**確率変数**という．Pは，もともと$\mathcal{A}$に含まれる集合に対して定義されているものであることに注意すると，つぎの定義が妥当であることが

表2.1 確率変数の例

ω	赤	青	黄	緑	白
$X(\omega)$	10000	5000	1000	500	100
確率	0.001	0.005	0.02	0.1	0.874

$X(\omega)$のとる値の単位は円．

納得できるであろう.

> 【定義】確率空間 $(\Omega, \mathcal{A}, P)$ の上で定義された実数値関数 $X(\omega)$ $(\omega \in \Omega)$ が, すべての実数値 x に対して
> $$\{\omega: X(\omega) \leq x\} \in \mathcal{A} \tag{2.1}$$
> を満たすとき, $X(\omega)$ のことを確率変数という.

確率変数 $X(\omega)$ に関連したいろいろな事象の確率は, 式 (2.1) に現れた集合 $\{\omega: X(\omega) \leq x\}$ に対する確率がすべての x についてわかってさえいれば, 基礎になっている確率空間 $(\Omega, \mathcal{A}, P)$ の構造の細部にまでいちいちもどらなくても計算できる. そこで, $X(\omega)$ に関する議論をする場合には, 関数
$$F_X(x) = P(\{\omega: X(\omega) \leq x\}) \quad (-\infty < x < \infty) \tag{2.2}$$
を議論の出発点にとってもよい. この関数のことを, 確率変数 X の**分布関数**という. 誤解のおそれのないときには, 添字 X を省略して $F(x)$ と書くことにする. また, 記号を簡単にするために, $P(\{\omega: X(\omega) \leq x\})$ のことを単に $P(X \leq x)$, $P\{X \leq x\}$ などと書くこともある.

分布関数は一般につぎの性質をもっている.
(i) 単調非減少 : $a < b$ ならば $F(a) \leq F(b)$ (2.3)
(ii) 右連続 : $\lim_{x \to a+0} F(x) = F(a)$ (2.4)
(iii) $\lim_{x \to -\infty} F(x) = 0$ (2.5)
(iv) $\lim_{x \to \infty} F(x) = 1$ (2.6)

【証明】
(i) $A = \{\omega: X(\omega) \leq a\}$, $B = \{\omega: X(\omega) \leq b\}$ とおくと
$$F(b) - F(a) = P(B) - P(A)$$
$$= P(B \cap A^c)$$
$$= P(\{\omega: a < X(\omega) \leq b\}) \geq 0$$
(ii) a に右側から単調に近づいていく任意の数列を $x_1 > x_2 > \cdots$ とすると
$$\lim_{n \to \infty} F(x_n) = \lim_{n \to \infty} P(\{\omega: X(\omega) \leq x_n\})$$
$$= P(\lim_{n \to \infty} \{\omega: X(\omega) \leq x_n\})$$
$$= P(\{\omega: X(\omega) \leq a\})$$
$$= F(a)$$
ここで, 2 番目の等号が成り立つのは, 確率の連続性 [P13] による.

(iii) (ii) で $\lim_{n\to\infty} x_n = -\infty$ となるような数列をとればよい．
(iv) $x_1 < x_2 < \cdots$, $\lim_{n\to\infty} x_n = \infty$ となる数列をとって，(ii) と同様に (ただし，確率の連続性 [P12] を使う) 示せる． ■

いろいろな分布関数の例を次節で示す．分布関数が必ずしも連続でない (すなわち，右連続ではあるが，左連続とは限らない) 理由は，そこで明らかになるであろう．

2.2 離散型分布と連続型分布

2.2.1 離散型分布

X のとりうる値が有限個あるいは可算無限個 (ただし有限区間内では有限個) であるとき，X は**離散型分布** (あるいは**離散分布**) をするという．とりうる値が $V = \{v_0, v_1, v_2, \cdots\}$ であるとすると，X がこれらのうちの任意の特定の値 v_k をとる確率は，X の分布関数 $F(x)$ から計算できる．すなわち，$\varepsilon > 0$ を適当に小さくとれば，区間 $[v_k - \varepsilon, v_k]$ の中に v_k 以外には V の点が含まれないようにすることができる．このとき

$$f(v_k) \equiv P(X = v_k) = F(v_k) - F(v_k - \varepsilon) \tag{2.7}$$

が成り立つ．関数 $f(v)$ のことを，この分布の**確率関数**という．分布関数がすべての実数値に対して定義されているのに対して，確率関数は V に属する実数値に対してのみ定義されていることに注意しよう (あるいは，その他の実数値に対しては $f = 0$ と定義されていると考えてもよい)．

式 (2.7) は分布関数から確率関数を求める式であるが，逆に確率関数を基にして分布関数を導き出すこともできる．すなわち

$$F(x) = \sum_{v_k \leq x} f(v_k) \tag{2.8}$$

である．右辺の和は，$v_k \leq x$ を満たすすべての k について加えることを意味する．このようなわけで，離散型の分布を規定するためには，分布関数と確率関数のどちらを指定してもよいことになる．

分布関数は，2.1 節の性質 (i)〜(iv) を満たしていたが，確率関数はつぎの性質をもっていることは明らかであろう．

(i) すべての k について $\quad f(v_k) \geq 0 \tag{2.9}$

(ii) $\sum_k f(v_k) = 1 \tag{2.10}$

離散型分布の中で応用上よく出てくるのは，とりうる値 $v_0, v_1, v_2, \cdots$ が数直線上に等間隔に並んでいるものである．このような分布のことを**格子状分布** (lattice distribution) という．なかでも，とりうる値が非負の整数に限られているものがよく使われる．以下にいくつかの例を示そう．

(1) **2点分布 B(1; p)**　　$(0<p<1)$

とりうる値が2つだけの分布である．その値を0と1とすると，p を0と1の間の任意の実数として

$$V=\{0,1\}$$
$$f(0)=1-p, \quad f(1)=p \tag{2.11}$$

と書ける．賭けやくじ引きにおける当たり・はずれ，工業製品の良・不良，世論調査における賛成・反対，等の割合を扱うモデルとして使われる．また，2点分布を生み出す試行のことを**ベルヌーイ試行**という．

(2) **2項分布 B(n; p)**　　$(0<p<1)$

$$V=\{0,1,2,\cdots,n\}$$
$$f(k)=\binom{n}{k}p^k(1-p)^{n-k} \tag{2.12}$$

(1)の2点分布のところで挙げた例で，たとえば，当たりくじが p の割合（す

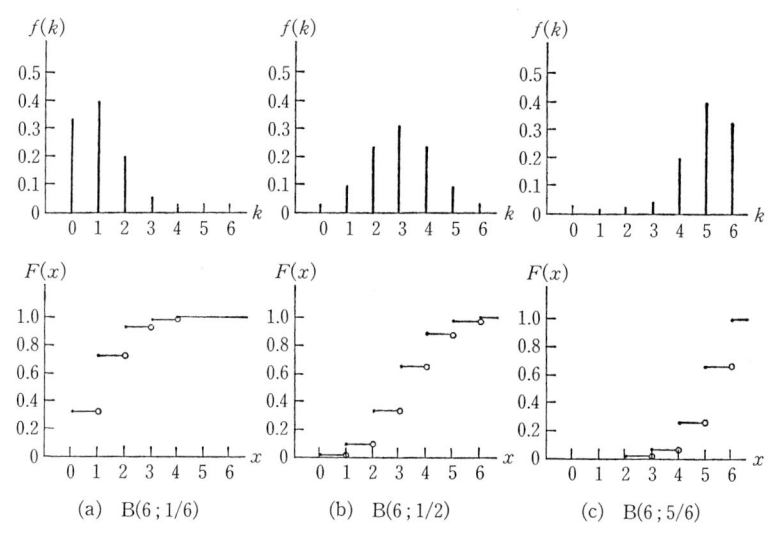

(a) B(6; 1/6)　　(b) B(6; 1/2)　　(c) B(6; 5/6)

図2.1　2項分布の確率関数と分布関数の例
　　　　上段：確率関数，下段：分布関数．

なわち $1/p$ 本に1本の割合)で含まれている多数のくじの中から n 本を引いたときに，k 本が当たる確率が $f(k)$ である．すなわち，ベルヌーイ試行を n 回繰り返したときに，注目している結果(当たり，良品，賛成，等)が k 回現れる確率が $f(k)$ である．

以上の2つの例は，とりうる値の個数が有限個のものであったが，つぎの2つの例は可算無限個のものである．

(3) **幾何分布 Ge(p)**　　$(0<p<1)$

$$V=\{0,1,2,\cdots\}$$
$$f(k)=(1-p)^k p \tag{2.13}$$

(1), (2) のくじの例で，当たりくじが1本出るまで1本ずつくじを引き続けたときに，出てくるはずれくじの本数が k である確率が $f(k)$ である．

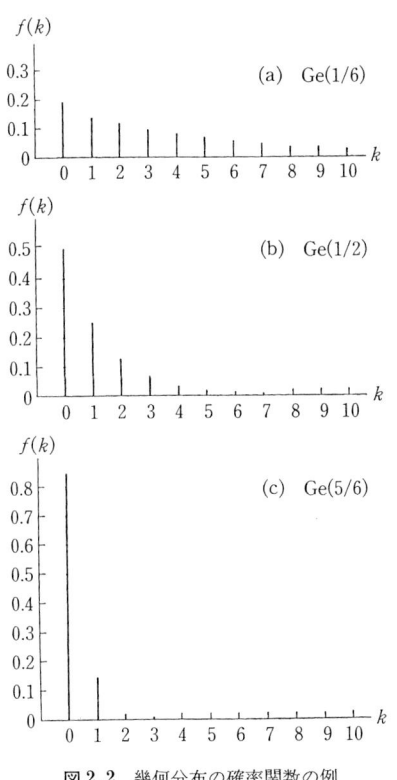

図 2.2　幾何分布の確率関数の例

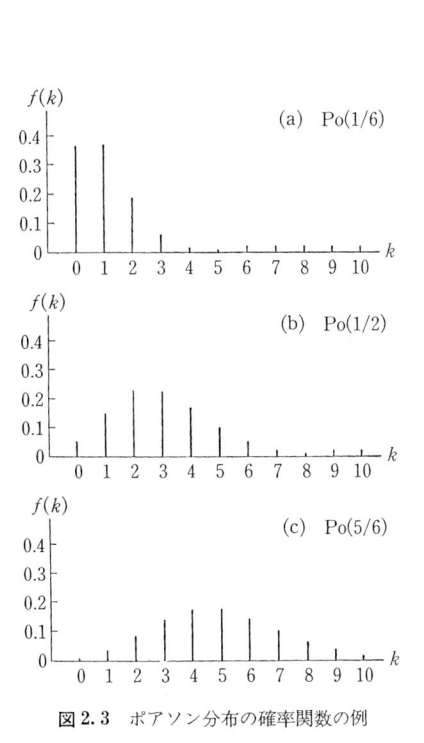

図 2.3　ポアソン分布の確率関数の例

(4) **ポアソン分布 Po(λ)**

$$V = \{0, 1, 2, \cdots\}$$
$$f(k) = e^{-\lambda}\frac{\lambda^k}{k!} \qquad (2.14)$$

偶然に起こる現象の回数の分布が近似的にポアソン分布になることが多くの経験で知られている．たとえば，一定時間内に交換台にかかってくる電話の本数，一定時間内に崩壊する放射性物質の原子の数，一定の地域内で1ヵ月間に起こる交通事故の件数などがこれにあたる．これについては，5章で詳しく学ぶ．

2項分布とポアソン分布の関係 2項分布 $B(n; p)$ で n が大きくて p が小さいとき，その確率関数 $f(k)$ は $\lambda = np$ のポアソン分布の確率関数によってよく近似できる．このことを示そう．2項分布の $f(k)$ に $p = \lambda/n$ を代入して

$$f(k) = \binom{n}{k} p^k (1-p)^{n-k} = \frac{n(n-1)\cdots(n-k+1)}{k!}\left(\frac{\lambda}{n}\right)^k \left(1-\frac{\lambda}{n}\right)^{n-k}$$
$$= \frac{\lambda^k}{k!}\left\{\left(1-\frac{1}{n}\right)\left(1-\frac{2}{n}\right)\cdots\left(1-\frac{k-1}{n}\right)\left(1-\frac{\lambda}{n}\right)^{-k}\right\}\left(1-\frac{\lambda}{n}\right)^n \qquad (2.15)$$

が得られる．ここで，λ と k は一定に保ったまま $n \to \infty$ とすると，{ } 内の各項は 1 に近づき，最後の項は $e^{-\lambda}$ に収束するから

$$\lim_{n\to\infty} f(k) = e^{-\lambda}\frac{\lambda^k}{k!} \qquad (2.16)$$

となる．したがって，n が大きいとき，近似式

$$\binom{n}{k}p^k(1-p)^{n-k} \fallingdotseq e^{-\lambda}\frac{\lambda^k}{k!} \qquad (\lambda = np) \qquad (2.17)$$

が成り立つ．

一例として，2項分布 $B(100; 0.01)$ とポアソン分布 $Po(1)$ の確率関数の値を対比して示すと表2.2のようになる．$n = 100$ 程度でも式(2.17)がたいへんよい

表2.2 2項分布のポアソン近似

k	$f(k)$	
	$B(100; 0.01)$	$Po(1)$
0	0.3660	0.3679
1	0.3697	0.3679
2	0.1849	0.1839
3	0.0610	0.0613
4	0.0149	0.0153
5	0.0029	0.0031
6	0.0005	0.0005

2.2.2 連続型分布

応用上よく出てくる確率変数の中には，そのとりうる値が実数全体，非負の実数全体，あるいは数直線上のある区間に含まれる実数全体等であって，分布関数が積分

$$F(x) = \int_{-\infty}^{x} f(v) \mathrm{d}v \tag{2.18}$$

の形で書けるものも多い．このような分布のことを**連続型分布**（あるいは**連続分布**）といい

$$f(x) = \frac{\mathrm{d}}{\mathrm{d}x} F(x) \tag{2.19}$$

のことを，この分布の**確率密度関数**あるいは単に**密度関数**という．$f(x)$ はつぎの性質をもっている．（離散型分布の確率関数の性質と比較せよ．）

(ⅰ) $f(x) \geq 0 \quad (-\infty < x < \infty)$ \hfill (2.20)

(ⅱ) $\int_{-\infty}^{\infty} f(x) \mathrm{d}x = 1$ \hfill (2.21)

代表的な連続型分布を以下に挙げておく．

(1) **一様分布 U(a, b)** $\quad (a < b)$

$$f(x) = \begin{cases} \dfrac{1}{b-a} & (a \leq x \leq b) \\ 0 & (\text{それ以外の } x) \end{cases} \tag{2.22}$$

(2) **ベータ分布 Be(α, β)** $\quad (\alpha > 0, \beta > 0)$

$$f(x) = \begin{cases} \dfrac{1}{B(\alpha, \beta)} x^{\alpha-1} (1-x)^{\beta-1} & (0 \leq x \leq 1) \\ 0 & (\text{それ以外の } x) \end{cases} \tag{2.23}$$

ここに，

$$B(\alpha, \beta) = \int_0^1 t^{\alpha-1}(1-t)^{\beta-1} \mathrm{d}t \tag{2.24}$$

は**ベータ関数**である．

$\alpha = \beta = 1$ の場合には，ベータ分布は一様分布 U$(0, 1)$ に一致する．$\alpha < 1, \beta < 1$ ならば，密度関数のグラ

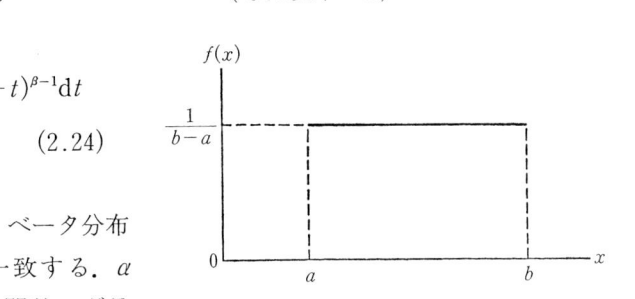

図 2.4 一様分布の確率密度関数

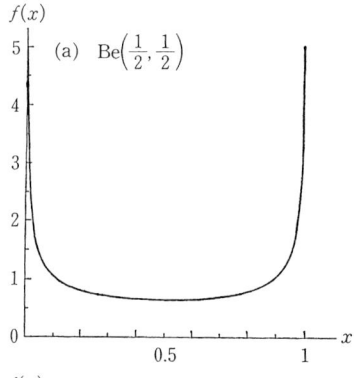

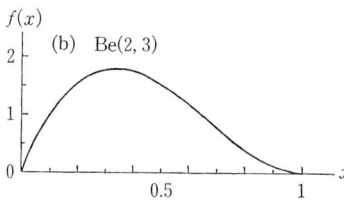

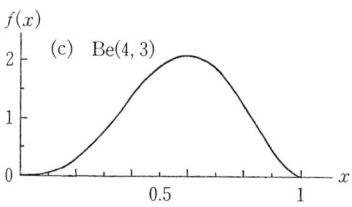

図 2.5 ベータ分布の確率密度関数の例
(a) $\mathrm{Be}\left(\frac{1}{2}, \frac{1}{2}\right)$
(b) $\mathrm{Be}(2, 3)$
(c) $\mathrm{Be}(4, 3)$

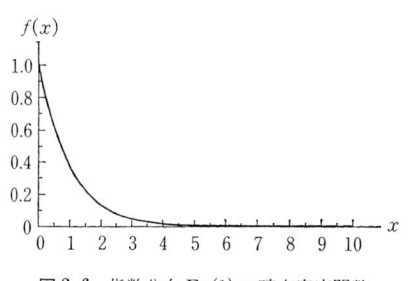

図 2.6 指数分布 $\mathrm{Ex}(1)$ の確率密度関数

フは $0<x<1$ の間に谷底を 1 つもつ (U 字形という).

また，$\alpha>1$, $\beta>1$ ならば，密度関数のグラフは $0<x<1$ の間に山を 1 つもつ (単峰形という).

(3) **指数分布 $\mathrm{Ex}(\alpha)$** $(\alpha>0)$

$$f(x) = \begin{cases} \alpha \mathrm{e}^{-\alpha x} & (x \geq 0) \\ 0 & (x < 0) \end{cases} \quad (2.25)$$

(4) **ガンマ分布 $\mathrm{G}(\alpha, \nu)$** $(\alpha>0, \nu>0)$

$$f(x) = \begin{cases} \dfrac{1}{\Gamma(\nu)} \alpha^\nu x^{\nu-1} \mathrm{e}^{-\alpha x} & (x \geq 0) \\ 0 & (x < 0) \end{cases}$$
$$(2.26)$$

ここに

$$\Gamma(\nu) = \int_0^\infty t^{\nu-1} \mathrm{e}^{-t} \mathrm{d}t \quad (2.27)$$

は**ガンマ関数**であり，つぎの性質があることが知られている.

$$\left. \begin{array}{l} \Gamma(\nu) = (\nu-1)\Gamma(\nu-1) \\ \Gamma(1) = 1, \ \Gamma\left(\dfrac{1}{2}\right) = \sqrt{\pi} \end{array} \right\} \quad (2.28)$$

したがって，n を自然数とすると

$$\left. \begin{array}{l} \Gamma(n) = (n-1)! \\ \Gamma\left(n + \dfrac{1}{2}\right) = \left(n - \dfrac{1}{2}\right)\left(n - \dfrac{3}{2}\right)\left(n - \dfrac{5}{2}\right) \\ \qquad \cdots\cdots \dfrac{1}{2}\sqrt{2} \end{array} \right\}$$
$$(2.29)$$

である.

また，ベータ関数とガンマ関数の間には，つぎの関係がある.

$$B(\alpha, \beta) = \dfrac{\Gamma(\alpha)\Gamma(\beta)}{\Gamma(\alpha+\beta)} \quad (2.30)$$

$\nu=1$ の場合には，ガンマ分布は指数分布に一致する. α を一定にしておいて

ν をいろいろ変えると，図 2.7 に示すように $f(x)$ の形が変わる．そこで ν のことをガンマ分布の**形状パラメター**という．一方，ν が同じで α が異なる 2 つのガンマ分布 $G(\alpha, \nu)$, $G(\alpha', \nu)$ に従って分布する確率変数を X, X' とすると，αX と $\alpha' X'$ は同一のガンマ分布 $G(1, \nu)$ に従って分布する．この意味で，α のことをガンマ分布の**スケール・パラメター**という．

n を自然数とするとき，ガンマ分布 $G(1/2, n/2)$ は自由度 n の**カイ 2 乗 (χ^2) 分布**とよばれ，統計学で重要な役割を演じている．また，ガンマ分布 $G(\alpha, n)$ は，待ち行列に関する理論などでは，フェイズが n の**アーラン分布**とよばれることもある．

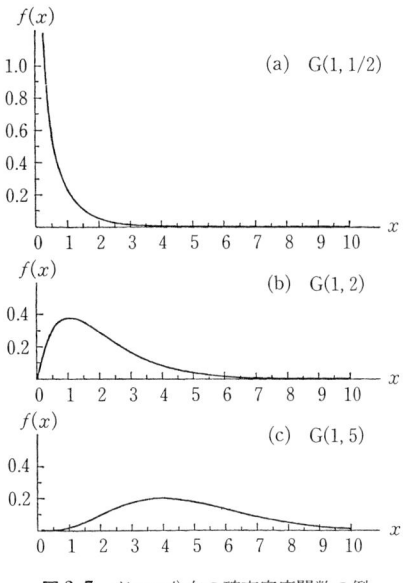

図 2.7 ガンマ分布の確率密度関数の例

(5) **正規分布 $N(\mu, \sigma^2)$**　　$(-\infty < \mu < \infty, \sigma > 0)$

$$f(x) = \frac{1}{\sqrt{2\pi}\sigma} \exp\left[-\frac{1}{2}\left(\frac{x-\mu}{\sigma}\right)^2\right] \quad (-\infty < x < \infty) \qquad (2.31)^*$$

これは，統計学において最も重要な分布の 1 つである (図 2.8)．

$N(0, 1)$ は**標準正規分布**とよばれる．本書では，標準正規分布の密度関数を $\phi(x)$，分布関数を $\Phi(x)$ という記号で表すことにする：

$$\phi(x) = \frac{1}{\sqrt{2\pi}} \exp\left[-\frac{1}{2}x^2\right] \qquad (2.32)$$

$$\Phi(x) = \int_{-\infty}^{x} \frac{1}{\sqrt{2\pi}} \exp\left[-\frac{1}{2}t^2\right] dt \qquad (2.33)$$

表 2.3 は，$\phi(x)$ および $\Phi(x)$ の値をいくつかの x の値について示したものである．付録には，もっと詳細な表が掲載してある．

また，図 2.9 は $\phi(x)$ および $\Phi(x)$ のグラフである．x の値が負のときの $\phi(x)$ および $\Phi(x)$ の値は，関係式

---

* $e^{g(x)}$ の $g(x)$ が複雑なとき，これを $\exp[g(x)]$ と書くことがある．

$$\phi(x)=\phi(-x) \tag{2.34}$$
$$\Phi(x)=1-\Phi(-x) \tag{2.35}$$

を用いて求めることができる．

表 2.3　標準正規分布 N(0, 1) の確率密度関数 $\phi(x)$ と分布関数 $\Phi(x)$ の値

x	$\phi(x)$	$\Phi(x)$	$1-\Phi(x)$
0	0.399	0.500	0.500
0.5	0.352	0.691	0.309
1.0	0.242	0.841	0.159
1.5	0.130	0.933	0.067
2.0	0.054	0.977	0.023
2.5	0.018	0.994	0.006
3.0	0.004	0.999	0.001

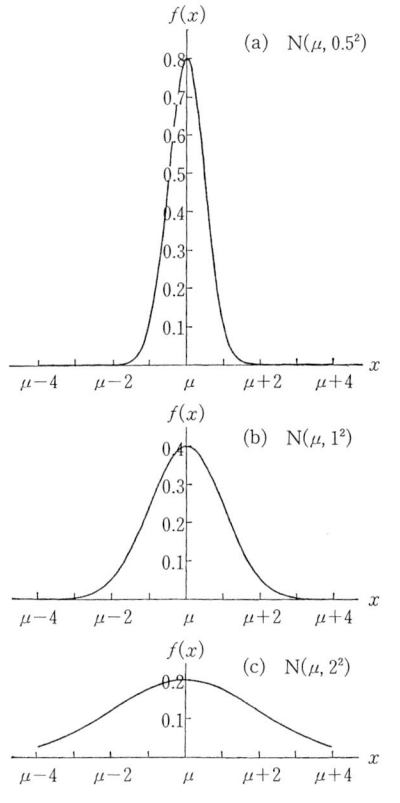

図 2.8　正規分布の確率密度関数の例

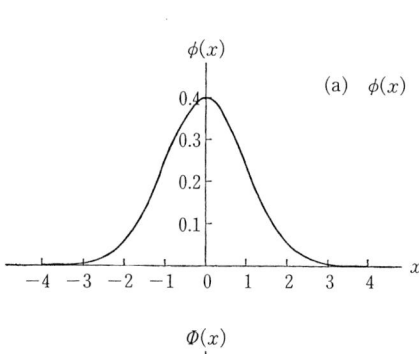

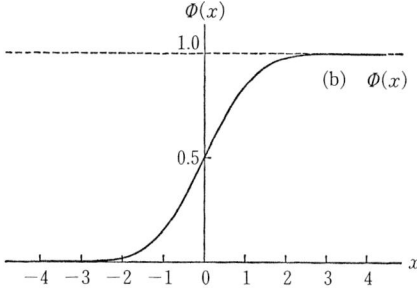

図 2.9　標準正規分布 N(0, 1) の確率密度関数 $\phi(x)$ と分布関数 $\Phi(x)$

【問】N(0, 1) に従う確率変数について，つぎの確率を求めよ．
(1) $P(|X| \leq 1)$ 　(2) $P(|X| \leq 2)$ 　(3) $P(|X| \leq 3)$ 　(4) $P(|X| \leq 1.96)$

一般の正規分布 N(μ, σ^2) の分布関数 $F(x)$ の値は，つぎの関係式
$$F(x) = \Phi((x-\mu)/\sigma) \tag{2.36}$$
を利用して，表 2.3（または，付録のより詳細な数表）から求めることができる．この関係式は，$F(x)$ を定義する式
$$F(x) = \int_{-\infty}^{x} \frac{1}{\sqrt{2\pi}\sigma} \exp\left[-\frac{1}{2}\left(\frac{y-\mu}{\sigma}\right)^2\right] dy$$
において，積分変数を y から $t=(y-\mu)/\sigma$ に変換することによって，ただちに得られる．

【問】Y が N($1, 2^2$) に従うとき，つぎの確率を求めよ．
(1) $P(-1 \leq Y \leq 4)$ 　(2) $P(Y \geq 5)$

(6) **コーシー分布 C(μ, α)** 　　($-\infty < \mu < \infty$, $\alpha > 0$)
$$f(x) = \frac{1}{\pi} \cdot \frac{\alpha}{(x-\mu)^2 + \alpha^2} \quad (-\infty < x < \infty) \tag{2.37}$$

この密度関数のグラフ（図 2.10）は，一見すると正規分布のものとよく似ているが，両分布の理論的性質は著しく違っている．これについては，3 章で述べる．

正規分布とガンマ分布（χ^2 分布）との関係 　　X を標準正規分布 N(0, 1) に従う確率変数とするとき，$Y=X^2$ の分布の分布関数 $F_Y(y)$ と密度関数 $f_Y(y)$ を求めてみよう．

$y \leq 0$ なら $F_Y(y)=0$, $f_Y(y)=0$ であることは明らかである．$y > 0$ の場合には
$$F_Y(y) = P(Y \leq y) = P(X^2 \leq y) = P(-\sqrt{y} \leq X \leq \sqrt{y})$$
$$= \int_{-\sqrt{y}}^{\sqrt{y}} \phi(x) dx = 2\int_0^{\sqrt{y}} \phi(x) dx \tag{2.38}$$

となる（最後の等式は，$\phi(x)$ が偶関数であることによる）．したがって
$$f_Y(y) = \frac{d}{dy} F_Y(y)$$
$$= \frac{d}{dy}\left\{2\int_0^{\sqrt{y}} \phi(x) dx\right\}$$
であるが，ここで，$\sqrt{y}=t$ とおいて合成関数の微分法を使うと

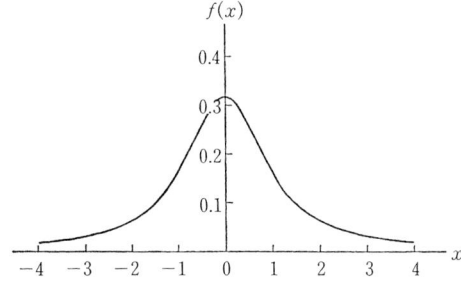

図 2.10 　コーシー分布 C(0, 1) の確率密度関数

$$f_Y(y) = \frac{dt}{dy} \cdot \frac{d}{dt}\left\{2\int_0^t \phi(x)dx\right\} = \frac{1}{2\sqrt{y}} \cdot 2\phi(t)$$

が得られ，最後に t を $\sqrt{y}$ にもどすと，結局

$$f_Y(y) = \frac{1}{\sqrt{2\pi}} y^{-1/2} \exp\left[-\frac{1}{2}y\right] \tag{2.39}$$

となる．

これは，ガンマ分布 $G\left(\frac{1}{2}, \frac{1}{2}\right)$, すなわち，自由度 1 の χ^2 分布の密度関数である．

ここで $\phi(x)$ から $f_Y(y)$ を導くのに用いた考え方は，一般に，任意の分布に従う確率変数 X の密度関数を基にして，X の関数として定義される確率変数の分布の密度関数を求める際にも適用できる．

【問】 X を一様分布 $U(0,1)$ に従う確率変数とし，a を正の定数とするとき，$Y = -a^{-1}\log X$ の分布は，指数分布 $Ex(a)$ になることを示せ．

【問】 X は連続型の分布をし，その確率密度関数および分布関数はそれぞれ $f(x)$ および $F(x)$ である．a を正の定数，b を任意の実定数とするとき，確率変数 $Y = aX + b$ の分布の密度関数および分布関数を求めよ．

2.3 確率変数の同時分布

1つの確率空間 $(\Omega, \mathcal{A}, P)$ に対して，2つ以上の確率変数 $X_1(\omega), X_2(\omega), \cdots, X_n(\omega)$ を同時に考えて，それらの間の関係を調べる必要がある場合がある．$x_1, x_2, \cdots, x_n$ を任意の実数値とすると，すべての k $(1 \leq k \leq n)$ について

$$\{\omega: X_k(\omega) \leq x_k\}$$

が事象である（すなわち $\mathcal{A}$ に属する）から

$$\{\omega: X_1(\omega) \leq x_1, X_2(\omega) \leq x_2, \cdots, X_n(\omega) \leq x_n\}$$
$$= \bigcap_{k=1}^n \{\omega: X_k(\omega) \leq x_k\}$$

も $\mathcal{A}$ に属し，したがって，それに対する確率を計算することができる．その確率を $F_{X_1, X_2, \cdots, X_n}(x_1, x_2, \cdots, x_n)$ あるいは単に $F(x_1, x_2, \cdots, x_n)$ と書き，確率変数 $X_1(\omega), X_2(\omega), \cdots, X_n(\omega)$ の**同時分布関数**あるいは単に**分布関数**という．すなわち

$$F(x_1, x_2, \cdots, x_n) = P\left(\bigcap_{k=1}^n \{\omega: X_k(\omega) \leq x_k\}\right) \tag{2.40}$$

2.3 確率変数の同時分布

$n=2$ の場合について，同時分布関数の性質等を少し詳しく考察してみよう．ひとつひとつの確率変数 $X_1(\omega), X_2(\omega)$ は，直線上を偶然的に動きまわる'粒子'であるとみなすことができる．同様にして，2つの確率変数を組にしたもの $(X_1(\omega), X_2(\omega))$ は，平面上を動きまわる'粒子'であるとみなすことができる（図2.11）．

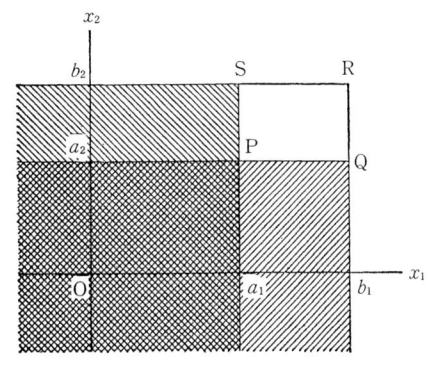

図2.11 2つの確率変数の同時分布

すなわち，$X_1(\omega)$ のとった値が a_1, $X_2(\omega)$ のとった値が a_2 ならば，この粒子は座標が (a_1, a_2) の点Pにくるものと考えることができる．

このように考えると，同時分布関数のこの点における値 $F(a_1, a_2)$（これを簡単のために $F(\mathrm{P})$ と書くことにする．以下同様）は，この粒子が図2.11の右上がりの斜線と右下がりの斜線の重なっている部分

$$\{(x_1, x_2): -\infty < x_1 \leq a_1, \quad -\infty < x_2 \leq a_2\}$$

にくる確率である．同様にして，右上がりの斜線だけがついている領域

$$\{(x_1, x_2): a_1 < x_1 < b_1, \quad -\infty < x_2 \leq a_2\}$$

にくる確率は

$$F(\mathrm{Q}) - F(\mathrm{P}) = F(b_1, a_2) - F(a_1, a_2)$$

であり，また右下がりの斜線だけがついている領域

$$\{(x_1, x_2): -\infty < x_1 \leq a_1, \quad a_2 < x_2 \leq b_2\}$$

にくる確率は

$$F(\mathrm{S}) - F(\mathrm{P}) = F(a_1, b_2) - F(a_1, a_2)$$

である．さらに，長方形PQRS内

$$\{(x_1, x_2): a_1 < x_1 \leq b_1, \quad a_2 < x_2 \leq b_2\}$$

にくる確率は

$$F(\mathrm{R}) - F(\mathrm{P}) - \{F(\mathrm{Q}) - F(\mathrm{P})\} - \{F(\mathrm{S}) - F(\mathrm{P})\}$$
$$= F(\mathrm{R}) - F(\mathrm{Q}) - F(\mathrm{S}) + F(\mathrm{P})$$

である．このことから，つぎに示す分布関数がもつ性質（ⅰ）が導かれる．さらに，性質（ⅱ）および（ⅲ）は，1変数の場合と同様にして導かれる．

(i) 単調非減少： $a_1 \leq b_1$, $a_2 \leq b_2$ ならば
$$F(b_1, b_2) - F(b_1, a_2) - F(a_1, b_2) + F(a_1, a_2) \geq 0 \qquad (2.41)$$
(ii) 右連続： $\displaystyle\lim_{\substack{x_1 \to a_1+0 \\ x_2 \to a_2+0}} F(x_1, x_2) = F(a_1, a_2) \qquad (2.42)$

(iii) $\displaystyle\lim_{x_1 \to -\infty} F(x_1, x_2) = \lim_{x_2 \to -\infty} F(x_1, x_2) = 0 \qquad (2.43)$

$\displaystyle\lim_{\substack{x_1 \to \infty \\ x_2 \to \infty}} F(x_1, x_2) = 1 \qquad (2.44)$

$F_1(x) \equiv F(x, +\infty)$ は 1 変数の分布関数であり，($X_2(\omega)$ のとる値は何でもかまわないが) $X_1(\omega)$ が x 以下の値をとる確率を表す．これを，$F(x_1, x_2)$ によって規定される分布に対する $X_1(\omega)$ の**周辺分布関数**とよぶ．同様に，$F_2(x) \equiv F(+\infty, x)$ のことを $X_2(\omega)$ の周辺分布関数という．

また，c を定数とするとき，$F(x, c)/F(\infty, c)$ のことを，$X_2(\omega) \leq c$ という条件の下での $X_1(\omega)$ の**条件つき分布関数**という．

【例 2.2】2 次元正規分布　　2 つの確率変数の同時分布についても
$$F(x_1, x_2) = \int_{-\infty}^{x_1} \int_{-\infty}^{x_2} f(u, v) \mathrm{d}v \mathrm{d}u \qquad (2.45)$$
と書けるならば，この分布は連続 (型の) 分布であるといい，$f(u, v)$ のことを確率密度関数という．特に有名なのは，2 次元正規分布とよばれるもので
$$f(u, v) = \frac{1}{2\pi\sigma_1\sigma_2\sqrt{1-\rho^2}} \exp\left[-\frac{1}{2}Q(u, v)\right] \qquad (2.46)$$
$$Q(u, v) = \frac{1}{1-\rho^2}\left\{\left(\frac{u-\mu_1}{\sigma_1}\right)^2 - 2\rho\left(\frac{u-\mu_1}{\sigma_1}\right)\left(\frac{v-\mu_2}{\sigma_2}\right) + \left(\frac{v-\mu_2}{\sigma_2}\right)^2\right\}$$
と書ける．ここに，σ_1, σ_2 は正の定数であり，また ρ は $-1 < \rho < 1$ を満たす定数である．$X_1(\omega)$ の周辺分布の密度関数を $f_1(x)$ とすると，一般に
$$f_1(x) = \frac{\mathrm{d}}{\mathrm{d}x} F_1(x) \qquad (2.47)$$
$$F_1(x) = \int_{-\infty}^{x} \left\{\int_{-\infty}^{\infty} f(u, v)\mathrm{d}v\right\}\mathrm{d}u \qquad (2.48)$$
であるから
$$f_1(x) = \int_{-\infty}^{\infty} f(x, v)\mathrm{d}v \qquad (2.49)$$
が成り立つ．これに式 (2.46) を代入して，(ややめんどうな) 積分の計算を実行すると

$$f_1(x) = \frac{1}{\sqrt{2\pi}\sigma_1} \exp\left[-\frac{1}{2}\left(\frac{x-\mu_1}{\sigma_1}\right)^2\right] \tag{2.50}$$

が得られる．すなわち，$X_1(\omega)$ の周辺分布は，正規分布 $N(\mu_1, \sigma_1^2)$ である．同様にして，$X_2(\omega)$ の周辺分布は，正規分布 $N(\mu_2, \sigma_2^2)$ である．

2次元正規分布は，生徒の（身長，座高）の分布とか，（数学，英語）の得点の分布などのように，互いに関連があると考えられる2つの変量の分布を扱うときによく用いられる． □

2.4 確率変数の独立性

n 個の確率変数 $X_1(\omega), X_2(\omega), \cdots, X_n(\omega)$ の同時分布関数 $F(x_1, x_2, \cdots, x_n)$ が1変数の分布関数の n 個の積

$$F(x_1, x_2, \cdots, x_n) = F_1(x_1)F_2(x_2)\cdots F_n(x_n) \tag{2.51}$$

の形に書けるならば，これらの n 個の確率変数は**互いに独立**であるという．各 $F_k(x_k)$ は，この分布の周辺分布関数である．n 個の確率変数がすべて離散型の，あるいはすべて連続型の分布をする場合には，分布関数の代わりに確率関数あるいは確率密度関数を使って，式(2.51)の条件を

$$f(x_1, x_2, \cdots, x_n) = f_1(x_1)f_2(x_2)\cdots f_n(x_n) \tag{2.52}$$

と書くこともできる．$f_k(x_k)$ は，周辺分布 $F_k(x_k)$ の確率関数あるいは確率密度関数である．

【例 2.3】 2次元正規分布の密度関数の式(2.46)において，$\rho=0$ とすると

$$\begin{aligned}
f(x_1, x_2) &= \frac{1}{2\pi\sigma_1\sigma_2} \exp\left[-\frac{1}{2}\left\{\left(\frac{x_1-\mu_1}{\sigma_1}\right)^2 + \left(\frac{x_2-\mu_2}{\sigma_2}\right)^2\right\}\right] \\
&= f_1(x_1)f_2(x_2)
\end{aligned}$$

$$f_i(x_i) = \frac{1}{\sqrt{2\pi}\sigma_i} \exp\left[-\frac{1}{2}\left(\frac{x_i-\mu_i}{\sigma_i}\right)^2\right] \quad (i=1, 2)$$

と書けるので，$X_1(\omega)$ と $X_2(\omega)$ は互いに独立に正規分布をすることがわかる． □

【例 2.4】 X_1 は2項分布 $B(n_1; p)$ に，また X_2 は2項分布 $B(n_2; p)$ に従い，互いに独立であるものとする．このとき，和 $S = X_1 + X_2$ の分布は2項分布 $B(n_1+n_2; p)$ になることを示そう．

式(2.51)および全確率の公式により，$S=k$ となる確率は

$$\binom{n_1}{k_1}p^{k_1}(1-p)^{n_1-k_1} \times \binom{n_2}{k_2}p^{k_2}(1-p)^{n_2-k_2} \tag{2.53}$$

を $k_1+k_2=k$ となるあらゆる (k_1, k_2) の組について加え合わせればよい. ところが, 式 (2.53) は

$$\binom{n_1}{k_1}\binom{n_2}{k_2}p^k(1-p)^{n-k} \qquad (n=n_1+n_2)$$

に等しく

$$\sum_{k_1+k_2=k}\binom{n_1}{k_1}\binom{n_2}{k_2}=\binom{n}{k} \tag{2.54}$$

であるから*

$$P(S=k)=\binom{n}{k}p^k(1-p)^{n-k} \tag{2.55}$$

となり, S は $\mathrm{B}(n;\,p)$ に従うことが示された. □

【問】X_1, X_2 がポアソン分布 $\mathrm{Po}(\lambda_1), \mathrm{Po}(\lambda_2)$ に従って分布し, 互いに独立であるとき, 和 X_1+X_2 の分布は $\mathrm{Po}(\lambda_1+\lambda_2)$ になることを示せ.
[ヒント:2項展開の公式

$$(\lambda_1+\lambda_2)^k=\sum_{k_1=0}^{k}\binom{k}{k_1}\lambda_1^{k_1}\lambda_2^{k-k_1} \tag{2.56}$$

を使うとよい.]

2.5 独立な確率変数の和の分布

前節では, 互いに独立で, 2項分布あるいはポアソン分布に従って分布する2つの確率変数の和の分布を求めた. この節では, もっと一般的に, 任意の分布に従う互いに独立な確率変数の和の分布を求めることを考えよう.

X_1 と X_2 は互いに独立で, 離散型の分布をする確率変数であって, それらの確率関数は $f_1(\cdot), f_2(\cdot)$ であるものとする. また, X_1 のとりうる値の集合を $V=\{v_0, v_1, \cdots\}$ とする. $S=X_1+X_2$ の確率関数を $f(\cdot)$ とすると, 前節の [例 2.4] と同様にして

$$\begin{aligned}f(x)=P(X_1+X_2=x)&=\sum_{v\in V}P(X_1=v)P(X_2=x-v)\\&=\sum_{v\in V}f_1(v)f_2(x-v)\end{aligned} \tag{2.57}$$

となる.

---
* n 個のものの中から k 個のものを選び出す組合せの数は, n 個のものを n_1 個と $n_2(=n-n_1)$ 個の2つのグループに分け, 一方のグループから k_1 個, 他方のグループから $k_2(=k-k_1)$ 個を選び出す組合せの数を, $k_1=0, 1, \cdots, k$ について加え合わせたものに等しい.

式 (2.57) の右辺の形の積和 (v がいろいろの値をとっても，f_1 の引数と f_2 の引数の和は一定という特徴をもつ) は，f_1 と f_2 の**たたみ込み**とよばれているものである．

なお，X_1, X_2 がともに非負の整数値だけをとる確率変数である場合には，式 (2.57) は

$$f(x) = \sum_{k=0}^{x} f_1(k) f_2(x-k) = \sum_{k=0}^{x} f_1(x-k) f_2(x) \tag{2.58}$$

となる．

つぎに連続型の確率変数の和の分布を導く方法を考えよう．X_1, X_2 を互いに独立な連続型の確率変数とし，その分布の確率密度関数を $f_1(\cdot), f_2(\cdot)$，分布関数を $F_1(\cdot), F_2(\cdot)$ とする．$S = X_1 + X_2$ の分布の確率密度関数および分布関数をそれぞれ $f(\cdot), F(\cdot)$ としよう．

$$\begin{aligned} F(x) = P(X_1 + X_2 \leq x) &= \iint_{x_1 + x_2 \leq x} f_1(x_1) f_2(x_2) \mathrm{d}x_1 \mathrm{d}x_2 \\ &= \int_{-\infty}^{\infty} \left\{ \int_{-\infty}^{x-x_1} f_2(x_2) \mathrm{d}x_2 \right\} f_1(x_1) \mathrm{d}x_1 \\ &= \int_{-\infty}^{\infty} F_2(x - x_1) f_1(x_1) \mathrm{d}x_1 \end{aligned} \tag{2.59}$$

となる．この式の第 1 行目から第 2 行目に移るところでは，先に x_2 について積分し，後から x_1 について積分するようにしたが，これを逆の順番にすると

$$F(x) = \int_{-\infty}^{\infty} F_1(x - x_2) f_2(x_2) \mathrm{d}x_2 \tag{2.60}$$

という表現が得られる．式 (2.59) および (2.60) の両辺を x で微分すると

$$f(x) = \int_{-\infty}^{\infty} f_2(x - x_1) f_1(x_1) \mathrm{d}x_1 = \int_{-\infty}^{\infty} f_1(x - x_2) f_2(x_2) \mathrm{d}x_2 \tag{2.61}$$

が得られる．すなわち，連続型の分布についても，和の分布の密度関数は，それぞれの分布の密度関数の (積分形での) たたみ込みによって求められるのである．

【例題 2.1】 X_1, X_2 が互いに独立で，同一の指数分布 $\mathrm{Ex}(\alpha)$ に従って分布するとき，和の分布を求めよ． □

【解】 $f_1(t) = f_2(t) = \alpha \mathrm{e}^{-\alpha t}$ ($t \geq 0$)；$f_1(t) = f_2(t) = 0$ ($t < 0$)

であるから，$x < 0$ なら $f(x) = 0$ で，$x > 0$ なら

$$f(x) = \int_0^x \alpha \mathrm{e}^{-\alpha(x-t)} \cdot \alpha \mathrm{e}^{-\alpha t} \mathrm{d}t = \alpha^2 \mathrm{e}^{-\alpha x} \int_0^x \mathrm{d}t = \alpha^2 x \mathrm{e}^{-\alpha x}$$

となる．これはガンマ分布 $\mathrm{G}(\alpha, 2)$ の密度関数である． ■

【例題 2.2】 X_1, X_2 が，それぞれガンマ分布 $\mathrm{G}(\alpha, \nu_1), \mathrm{G}(\alpha, \nu_2)$ に従って分布する互

いに独立な確率変数であるならば，X_1+X_2 の分布はガンマ分布 $G(\alpha, \nu_1+\nu_2)$ になることを示せ． □

【解】 $x>0$ のとき

$$f(x)=\int_0^x \frac{\alpha^{\nu_1}}{\Gamma(\nu_1)}(x-t)^{\nu_1-1}e^{-\alpha(x-t)}\cdot\frac{\alpha^{\nu_2}}{\Gamma(\nu_2)}t^{\nu_2-1}e^{-\alpha t}dt$$

$$=\frac{\alpha^{\nu_1+\nu_2}e^{-\alpha x}}{\Gamma(\nu_1)\Gamma(\nu_2)}\int_0^x (x-t)^{\nu_1-1}t^{\nu_2-1}dt$$

ここで，積分変数を t から $s=t/x$ に変換すると

$$\int_0^x (x-t)^{\nu_1-1}t^{\nu_2-1}dt=\int_0^1 (x-sx)^{\nu_1-1}(sx)^{\nu_2-1}x\,ds$$

$$=x^{\nu_1+\nu_2-1}\int_0^1(1-s)^{\nu_1-1}s^{\nu_2-1}ds=x^{\nu_1+\nu_2-1}B(\nu_2,\nu_1)$$

$$=\frac{\Gamma(\nu_1)\Gamma(\nu_2)}{\Gamma(\nu_1+\nu_2)}x^{\nu_1+\nu_2-1}$$

となり，結局

$$f(x)=\frac{\alpha^{\nu_1+\nu_2}}{\Gamma(\nu_1+\nu_2)}x^{\nu_1+\nu_2-1}e^{-\alpha x} \qquad (x>0)$$

が得られる．これは，ガンマ分布 $G(\alpha, \nu_1+\nu_2)$ の密度関数である． ■

3つ以上の互いに独立な確率変数の和の分布も，前記の方法を繰り返し適用することによって求めることができる．そのためには，たたみ込みを記号で表現するのが便利である．離散分布の場合の式 (2.57)，および連続分布の場合の式 (2.61) のたたみ込みを，まとめて簡単に

$$f=f_1*f_2$$

と書くことにする．たたみ込みの演算 $*$ に関しては，交換法則

$$f_1*f_2=f_2*f_1 \tag{2.62}$$

が成り立つことは，すでに述べたとおりである．

3つの確率変数 X_1, X_2, X_3 の確率関数または密度関数を f_1, f_2, f_3 とし，$S=X_1+X_2+X_3$ の確率関数または密度関数を f とする．$S=(X_1+X_2)+X_3$ と考えれば

$$f=(f_1*f_2)*f_3$$

となることがわかる．ところが，$S=X_1+(X_2+X_3)$ と考えれば

$$f=f_1*(f_2*f_3)$$

が得られる．したがって，たたみ込みの演算に関しては，結合法則

$$(f_1*f_2)*f_3=f_1*(f_2*f_3) \tag{2.63}$$

も成り立つので，括弧を使わずに単に

$$f = f_1 * f_2 * f_3$$

と書くことができる．

一般に，確率変数が n 個の場合も同様で

$$f = f_1 * f_2 * \cdots * f_n \tag{2.64}$$

となる．特に，n 個の確率変数がすべて同一の分布に従う場合，すなわち $f_1 = f_2 = \cdots = f_n$ の場合には，和の分布は

$$f = \underbrace{f_1 * f_1 * \cdots * f_1}_{f_1 \text{ が } n \text{ 個}} \equiv f_1^{(n)} \tag{2.65}$$

と表現できる．この右辺を f_1 の **n 重のたたみ込み**といい，上記のように $f_1^{(n)}$ という記号で表すことがある．また，f_1 に対応する分布関数が F_1 であるとすると，$f_1^{(n)}$ に対応する分布関数を $F_1^{(n)}$ と書き，$F_1^{(n)}$ のことを F_1 の n 重のたたみ込みとよぶことがある (6 章)．すなわち，$X_1, X_2, \cdots, X_n$ が互いに独立で同一の分布関数 F_1 に従って分布するならば

$$P(X_1 + X_2 + \cdots + X_n \leq x) = F_1^{(n)}(x) \tag{2.66}$$

である．

--- 練習問題

2.1 X, Y は互いに独立で，それぞれポアソン分布 $\mathrm{Po}(\lambda_1), \mathrm{Po}(\lambda_2)$ に従うものとするとき

$$P(X = k | X + Y = l) = \binom{l}{k} \left(\frac{\lambda_1}{\lambda_1 + \lambda_2}\right)^k \left(\frac{\lambda_2}{\lambda_1 + \lambda_2}\right)^{l-k} \quad (k = 0, 1, \cdots, l)$$

が成り立つことを示せ．

2.2 確率変数 Z はポアソン分布 $\mathrm{Po}(\lambda)$ をし，$Z = l$ (l は任意の非負整数) という条件の下では確率変数 X は 2 項分布 $\mathrm{B}(l\,;\,p)$ をするという．X の分布を求めよ．

2.3 X は幾何分布 $\mathrm{Ge}(p)$，Y は指数分布 $\mathrm{Ex}(\alpha)$ に従う確率変数とする．

(1) l を任意の自然数とするとき，$X \geq l$ という条件の下での X の (条件つき) 分布を求めよ．

(2) Z を任意の正数とするとき，$Y \geq Z$ という条件の下での Y の (条件つき) 分布を求めよ．

2.4 非負整数値のみをとる確率変数 X がある．任意の非負整数 m, n に対して

$$P(X \geq n + m | X \geq n) = P(X \geq m)$$

が成り立つならば，X は幾何分布をすることを示せ．

2.5 $X_1, X_2, \cdots, X_n$ が互いに独立に一様分布 $\mathrm{U}(0, 1)$ に従って分布するとき，$Y = -\log(X_1 X_2 \cdots X_n)$ の分布を求めよ．

2.6 $X_1, X_2, \cdots, X_n$ は互いに独立な確率変数で，それらの分布関数は F であるものとする．$Y=\max(X_1, X_2, \cdots, X_n)$, $Z=\min(X_1, X_2, \cdots, X_n)$ の分布関数を求めよ．（これは，「信頼性理論」の分野でたいせつな話題である．同一種類の部品 n 個から構成されているシステムがあって，それらの寿命が $X_1, X_2, \cdots, X_n$ であるものとする．システムが '直列構造' になっていれば，その寿命は Y, '並列構造' になっていれば，その寿命は Z である．）

2.7 確率変数 X の分布は連続型で，その分布関数は F であるものとする．$Y=F(X)$ は確率変数であるが，その分布は（F が何であっても）一様分布 $\mathrm{U}(0,1)$ となることを示せ．

2.8 X, Y は，ともに正の値のみをとる連続型の確率変数で，それらの同時分布の密度関数は $f(x,y)$ である．$U=X+Y$, $V=X-Y$, $W=XY$, および $Z=Y/X$ のそれぞれの分布の密度関数を求めよ．

2.9 2次元正規分布の密度関数は式 (2.46) で与えられる．その周辺分布の密度関数を求めよ．

2.10 X_1, X_2, X_3 が，互いに独立に正規分布 $\mathrm{N}(0, \sigma^2)$ に従って分布するとき，$V=\sqrt{X_1^2+X_2^2+X_3^2}$ の分布の密度関数を求めよ．（V の分布は，**マクスウェル分布**とよばれ，物理学で気体の分子運動のモデルとして使われることがある．）

2.11 r を自然数，p を 0 と 1 の間の定数，$q=1-p$ として

$$f(k)=\binom{r+k-1}{k}p^r q^k \qquad (k=0,1,2,\cdots)$$

とおく．これは，負の2項分布 (negative binomial distribution) $\mathrm{NB}(r;p)$ とよばれる分布の確率関数である．

(1) 成功の確率が p, 失敗の確率が q のベルヌーイ試行をつぎつぎと行ったとき，r 回成功するまでに失敗する試行の回数が k である確率が $f(k)$ に等しいことを確かめよ．

(2) 2項係数

$$\binom{n}{k}=\frac{n(n-1)(n-2)\cdots(n-k+1)}{k(k-1)(k-2)\cdots 1}$$

は，本来は組合せの数を表すものであるから，$0\leq k\leq n$ を満たす整数 n, k について定義されているものであるが，それ以外の整数 n, k (ただし，$k\geq 0$) についても便宜上，上記の式で $\binom{n}{k}$ を定義するものとする．このとき

$$\binom{r+k-1}{k}=(-1)^k\binom{-r}{k}, \qquad f(k)=\binom{-r}{k}p^r(-q)^k$$

と書けることを確かめよ．（分布の名前は，この形の表現に由来する．）

2.12 確率密度関数が

$$f(x)=amx^{m-1}\exp[-ax^m] \qquad (x\geq 0,\quad a>0,\quad m>0)$$

で与えられる分布は，**ワイブル分布**とよばれ，信頼性理論でよく使われる．X がこの分布に従って分布するとき，$Y=X^m$ はどのような分布をするか．

3 確率変数の特性値

3.1 平　均　値

3.1.1　離散型分布の場合

確率変数 X が離散型の分布をし，その分布の確率関数が
$$f(v_k)=P(X=v_k) \quad (k=0,1,2,\cdots)$$
で与えられているものとする．このとき
$$E(X)\equiv\sum_k v_k f(v_k) \tag{3.1}$$
のことを，この確率変数(あるいは，この分布)の**平均**(**値**)または**期待値**という．

【注】 記号 E は，期待値に相当する英語 expectation の頭文字に由来する．厳密には，式(3.1)の右辺の級数が絶対収束するとき，すなわち
$$\sum_k |v_k| f(v_k)<\infty \tag{3.2}$$
という条件が成り立つときに限って式(3.1)のことを平均値といい，その他の場合には，平均値が存在しないという．しかし，実用上よく出てくる分布の大部分については，この条件が成立しているので，この条件のことはあまり気にしなくてよい．

【例 3.1】 2.2節で挙げた離散型分布について，その平均値を求めてみよう．

(1) 2点分布 $B(1;p)$
$$E(X)=0\times f(0)+1\times f(1)=p$$

(2) 2項分布 $B(n;p)$
$$E(X)=\sum_{k=0}^n kf(k)=\sum_{k=1}^n kf(k)=\sum_{k=1}^n k\binom{n}{k}p^k(1-p)^{n-k}$$
であるが，$k\geq 1$ ならば
$$k\binom{n}{k}=k\frac{n!}{k!(n-k)!}=\frac{n!}{(k-1)!(n-k)!}=n\frac{(n-1)!}{(k-1)!(n-k)!}$$

$$= n\frac{m!}{l!(m-l)!} = n\binom{m}{l}$$

が成り立つ．ただし，$l=k-1$, $m=n-1$ である．したがって

$$E(X) = \sum_{l=0}^{m} n\binom{m}{l}p^{l+1}(1-p)^{m-l} = np\sum_{l=0}^{m}\binom{m}{l}p^{l}(1-p)^{m-l} = np$$

となる．最後の等式を導くところでは，$\binom{m}{l}p^{l}(1-p)^{m-l}$ が 2 項分布 $B(m; p)$ の確率関数であり，したがって，これを $l=0$ から $l=m$ まで加えたものは 1 に等しいという事実を使った．

(3) 幾何分布 $\text{Ge}(p)$

$$E(X) = \sum_{k=0}^{\infty} k(1-p)^{k}p = \frac{(1-p)}{p}$$

ここでは，級数に関する公式

$$\sum_{k=0}^{\infty} kx^{k} = \frac{x}{(1-x)^{2}} \qquad (|x|<1) \tag{3.3}$$

を使った．

(4) ポアソン分布 $\text{Po}(\lambda)$

$$E(X) = \sum_{k=0}^{\infty} kf(k) = \sum_{k=1}^{\infty} kf(k) = \sum_{k=1}^{\infty} k e^{-\lambda}\frac{\lambda^{k}}{k!} = \lambda\sum_{k=1}^{\infty} e^{-\lambda}\frac{\lambda^{k-1}}{(k-1)!}$$
$$= \lambda\sum_{l=0}^{\infty} e^{-\lambda}\frac{\lambda^{l}}{l!} = \lambda\sum_{l=0}^{\infty} f(l) = \lambda$$

ここで，$l=k-1$ である． □

$g(x)$ を任意の実数値関数とすると，$g(X)$ も確率変数となる．$g(X)$ がとる値を $u_0, u_1, u_2, \cdots$ とし，またその確率関数を $h(u)$ とすると，$g(X)$ の期待値は，上記の定義により

$$E(g(X)) = \sum_{j} u_j h(u_j) \tag{3.4}$$

である．しかしながら，つぎの定理を使えば，わざわざ $g(X)$ の確率関数 $h(u)$ を求めなくても，X の確率関数を使って直接 $g(X)$ の期待値を計算することができる．

【定理 3.1】*

$$E(g(X)) = \sum_{k} g(v_k)f(v_k) \tag{3.5}$$

---

* この定理の証明については，章末の [練習問題 3.1] の略解 (巻末) をみよ．

X のとる値 v_k がすべて非負である場合には，確率関数 f の代わりに分布関数 F を用いて，つぎの式によって $E(X)$ を計算することもできる．

【定理 3.2】 X が非負の値のみをとる確率変数ならば

$$E(X)=\int_0^\infty P(X>x)dx=\int_0^\infty \{1-F(x)\}dx \qquad (3.6)$$

【証明】 $E(X)=\sum_k v_k f(v_k)$ は，図 3.1 の影をつけた部分の面積に等しい．この面積は $\int_0^\infty \{1-F(x)\}dx$ にも等しい． ■

【系】 X が非負の整数値のみをとる確率変数ならば

$$E(X)=\sum_{k=0}^\infty P(X>k)=\sum_{k=0}^\infty \{1-F(k)\}$$
$$=\sum_{k=1}^\infty P(X\geq k) \qquad (3.7)$$

X が負の値ばかりをとる確率変数である場合には

$$E(X)=\sum_k v_k f(v_k)=-\sum_k |v_k| f(v_k)$$

であり，$\sum_k |v_k| f(v_k)$ は図 3.2 の影をつけた部分の面積であるから

$$E(X)=-\int_{-\infty}^0 P(X\leq x)dx$$
$$=-\int_{-\infty}^0 F(x)dx \qquad (3.8)$$

であることがわかる．そして，一般に，X が正負の値をとる確率変数である場合には，つぎの定理が成り立つことがわかる．

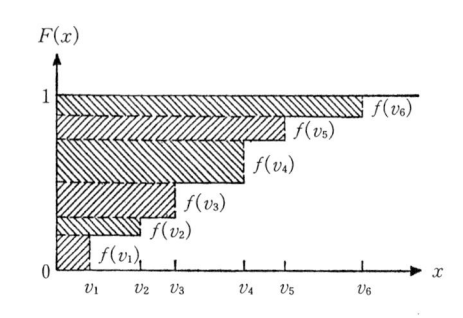

図 3.1 非負の値のみをとる確率変数の期待値

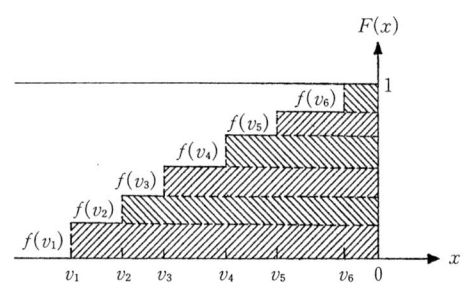

図 3.2 負の値のみをとる確率変数の期待値

【定理 3.3】

$$E(X)=\int_0^\infty P(X>x)dx - \int_{-\infty}^0 P(X\leq x)dx \qquad (3.9)$$

条件つき期待値　X と Y を離散型の確率変数とし，$P(Y=y)>0$ とすると，$Y=y$ という事象が起こったという条件の下での X の分布の確率関数 $f(v|y)$ は

$$f(v|y)=P(X=v|Y=y)=\frac{P(X=v, Y=y)}{P(Y=y)} \qquad (3.10)$$

で定義される．また，$Y=y$ という条件の下での X の期待値 $E(X|Y=y)$ は

$$E(X|Y=y)=\sum_k v_k f(v_k|y) \tag{3.11}$$

として計算できる．式(3.10)に $P(Y=y)$ を掛けて，Y がとりうるすべての値について加えると，X の(無条件の)期待値が得られる．すなわち

【定理 3.4】

$$E(X)=\sum_y E(X|Y=y)P(Y=y) \tag{3.12}$$

この式が正しいことは，全確率の公式(式(1.21)，p.10)を用いて簡単に証明できる．また，これは，本書の後の方でもしばしば使われる便利な公式である．

3.1.2 連続型分布の場合

X が連続型の分布をし，その確率密度関数が $f(x)$ である場合には

$$E(X)=\int_{-\infty}^{\infty} x f(x) \mathrm{d}x \tag{3.13}$$

のことを X の平均値という．(絶対収束という条件に関する注意は，離散型分布の場合と同様．ただし，下記のコーシー分布は例外である．)

2章で挙げたいくつかの連続型分布の平均値はつぎのようになる．

(1) 一様分布 $\mathrm{U}(a, b)$

$$E(X)=\int_a^b x \frac{1}{b-a} \mathrm{d}x = \frac{a+b}{2}$$

(2) ベータ分布 $\mathrm{Be}(\alpha, \beta)$

$$E(X)=\int_0^1 x \frac{1}{B(\alpha, \beta)} x^{\alpha-1}(1-x)^{\beta-1}\mathrm{d}x$$

$$=\frac{B(\alpha+1, \beta)}{B(\alpha, \beta)}=\frac{\Gamma(\alpha+\beta)}{\Gamma(\alpha)\Gamma(\beta)} \cdot \frac{\Gamma(\alpha+1)\Gamma(\beta)}{\Gamma(\alpha+\beta+1)}$$

$$=\frac{\alpha}{\alpha+\beta}$$

(3) 指数分布 $\mathrm{Ex}(\alpha)$

$$E(X)=\int_0^{\infty} x\, \alpha \mathrm{e}^{-\alpha x}\mathrm{d}x = \frac{1}{\alpha}$$

(4) ガンマ分布 $\mathrm{G}(\alpha, \nu)$

$$E(X)=\int_0^{\infty} x \frac{1}{\Gamma(\nu)} \alpha^{\nu} x^{\nu-1} \mathrm{e}^{-\alpha x}\mathrm{d}x \quad (\alpha x = t \text{ とおく})$$

$$= \int_0^\infty \frac{1}{\Gamma(\nu)} t^\nu e^{-t} \frac{dt}{\alpha}$$

$$= \frac{\Gamma(\nu+1)}{\alpha \Gamma(\nu)} = \frac{\nu}{\alpha}$$

(5) 正規分布 $N(\mu, \sigma^2)$

$$E(X) = \int_{-\infty}^\infty x \frac{1}{\sqrt{2\pi}\,\sigma} \exp\left[-\frac{1}{2}\left(\frac{x-\mu}{\sigma}\right)^2\right] dx \quad \left(\frac{x-\mu}{\sigma}=t\ とおく\right)$$

$$= \int_{-\infty}^\infty (\mu + \sigma t)\frac{1}{\sqrt{2\pi}} \exp\left[-\frac{1}{2}t^2\right] dt$$

$$= \mu \int_{-\infty}^\infty \frac{1}{\sqrt{2\pi}} \exp\left[-\frac{1}{2}t^2\right] dt + \int_{-\infty}^\infty \frac{\sigma t}{\sqrt{2\pi}} \exp\left[-\frac{1}{2}t^2\right] dt$$

$$= \mu$$

(6) コーシー分布 $C(\mu, \alpha)$

これは平均値が存在しない分布として有名である．たとえば，$\mu=0$, $\alpha=1$ の場合を考えよう．

$$E(|X|) = \int_{-\infty}^\infty |x| \frac{dx}{\pi(1+x^2)} = \lim_{\substack{u \to \infty \\ l \to -\infty}} \int_l^u \frac{|x|dx}{\pi(1+x^2)}$$

$$= \lim_{u \to \infty} \int_0^u \frac{x\,dx}{\pi(1+x^2)} - \lim_{l \to -\infty} \int_l^0 \frac{x\,dx}{\pi(1+x^2)}$$

$$= \lim_{u \to \infty} \left[\frac{1}{2\pi}\log(1+x^2)\right]_0^u - \lim_{l \to -\infty} \left[\frac{1}{2\pi}\log(1+x^2)\right]_l^0$$

$$= \lim_{u \to \infty} \frac{1}{2\pi}\log(1+u^2) + \lim_{l \to -\infty} \frac{1}{2\pi}\log(1+l^2) = \infty$$

となってしまう．μ, α のその他の値についても同様で，絶対収束という条件が成立しない．これは，$|x|$ が無限に大きくなっていくときに，（正規分布の密度関数などと比べると）密度関数 $f(x)$ の値がゆっくりとしか0に近づいていかないからである．それで，コーシー分布は，分布の裾が長い（あるいは重い）分布であるといわれることがある．

離散型分布について述べた [定理 3.1] および [定理 3.3] は，連続型分布の場合にも同様に成り立つ．

【定理 3.5】$g(x)$ を任意の実数値関数とすると

$$E(g(X)) = \int_{-\infty}^\infty g(x) f(x) dx \tag{3.14}$$

【定理 3.6】
$$E(X) = \int_0^\infty P(X>x)\mathrm{d}x - \int_{-\infty}^0 P(X \leq x)\mathrm{d}x \tag{3.15}$$

条件つき期待値　X, Y を連続型の分布をする確率変数，$f(x,y)$ をそれらの同時分布の密度関数，$f_Y(y)$ を Y の周辺分布の密度関数とする．離散型分布の場合と同様にして，$f_Y(y)>0$ となる y については，$Y=y$ という条件の下での X の分布の密度関数が

$$f(x|y) = \frac{f(x,y)}{f_Y(y)} \tag{3.16}$$

によって定義される．また，$Y=y$ という条件の下での X の期待値は

$$E(X|Y=y) = \int_{-\infty}^\infty x f(x|y)\mathrm{d}x \tag{3.17}$$

によって計算できる．いろいろな y に対する X の条件つき期待値と，X の (無条件の) 期待値との間にはつぎの関係がある．

【定理 3.7】
$$E(X) = \int_{-\infty}^\infty E(X|Y=y) f_Y(y) \mathrm{d}y \tag{3.18}$$

3.1.3 平均値の性質

前項の最後で述べたように，平均値を計算する演算に関しては，離散型分布および連続型分布の両方について共通に成り立つ性質が多い．そこで，分布の型を区別しないで議論するほうが便利なので，式 (3.1) および (3.13) をまとめて表現するために，つぎの表記法がよく使われる：

$$E(X) = \int_{-\infty}^\infty x \mathrm{d}F(x) \tag{3.19}$$

右辺はスチルチェス積分であるが，これについての詳しい話は解析学の教科書に譲ることにして，ここでは単に表記上の便法であると思っていてさしつかえない．この記法が現れたときにわかりにくければ，和の形 (3.1) あるいはリーマン積分の形 (3.13) のいずれかに置き換えて読み進めばよい．

さて，平均値をとる演算の性質を述べよう．まず，平均値の定義により，つぎの**線形性**があることは容易にわかる．

【E1】 a, b を任意の実定数とすると
$$E(aX+b)=aE(X)+b \qquad (3.20)$$

つぎに，$X_1, X_2, \cdots, X_n$ を同一の標本空間上で定義された確率変数とし，$g(x_1, x_2, \cdots, x_n)$ を実数値関数とすると，$g(X_1, X_2, \cdots, X_n)$ も確率変数となるが，その期待値は，[定理 3.1] および [定理 3.5] と同様にして，次式で計算できる．

【E2】 $X_1, X_2, \cdots, X_n$ の同時分布関数を $F(x_1, x_2, \cdots, x_n)$ とすると
$$E(g(X_1, X_2, \cdots, X_n))=\int_{-\infty}^{\infty}\cdots\int_{-\infty}^{\infty}g(x_1, x_2, \cdots, x_n)\mathrm{d}F(x_1, x_2, \cdots, x_n) \qquad (3.21)$$

特に，g が1変数，たとえば x_1 だけの関数の場合には，次式が成り立つ．

【E3】 X_1 の分布関数を $F_1(x_1)$ とすると
$$E(g(X_1))=\int_{-\infty}^{\infty}g(x_1)\mathrm{d}F_1(x_1) \qquad (3.22)$$

[E2] および [E3] から，ただちに次式が導かれる．

【E4】 $E(X_1+X_2+\cdots+X_n)=E(X_1)+E(X_2)+\cdots+E(X_n) \qquad (3.23)$

確率変数の和の期待値が，それらの期待値の和に等しいことを示すこの式は，$X_1, X_2, \cdots, X_n$ が互いに独立であってもなくても成り立つことに注意しよう．しかし，積についての同様な式は，独立性がないと一般には成立しない．すなわち

【E5】 $X_1, X_2, \cdots, X_n$ が互いに独立ならば
$$E(X_1 X_2 \cdots X_n)=E(X_1)E(X_2)\cdots E(X_n) \qquad (3.24)$$

【証明】 $X_1, X_2, \cdots, X_n$ が互いに独立ならば，それらの分布関数を $F_1, F_2, \cdots, F_n$ とすると
$$F(x_1, x_2, \cdots, x_n)=F_1(x_1)F_2(x_2)\cdots F_n(x_n)$$
が成り立つ（2章の式(2.1)）から，[E2] で $g(x_1, x_2, \cdots, x_n)=x_1 x_2 \cdots x_n$ とおくことにより

$$\begin{aligned}E(X_1 X_2 \cdots X_n)&=\int_{-\infty}^{\infty}\cdots\int_{-\infty}^{\infty}x_1 x_2 \cdots x_n \mathrm{d}F_1(x_1)\mathrm{d}F_2(x_2)\cdots \mathrm{d}F_n(x_n)\\&=\int_{-\infty}^{\infty}x_1 \mathrm{d}F_1(x_1)\int_{-\infty}^{\infty}x_2 \mathrm{d}F_2(x_2)\cdots\int_{-\infty}^{\infty}x_n \mathrm{d}F_n(x_n)\\&=E(X_1)E(X_2)\cdots E(X_n)\end{aligned}$$

が得られる． ∎

[E5] を一般化したつぎの [E6] が成り立つことは容易にわかる．

【E6】 $g_1(x_1), g_2(x_2), \cdots, g_n(x_n)$ を任意の実数値関数とする．$X_1, X_2, \cdots, X_n$ が互いに独立ならば
$$E(g_1(X_1)g_2(X_2)\cdots g_n(X_n))=E(g_1(X_1))E(g_2(X_2))\cdots E(g_n(X_n)) \qquad (3.25)$$

3.2 分　　散

確率変数 X の期待値 $E(X)$ を μ という記号で表すことにする．$(X-\mu)^2$ もまた確率変数であるが，その平均値のことを，X の（あるいは X の分布の）**分散** (variance) といい，$\mathrm{Var}(X)$ という記号で表す．

$$\mathrm{Var}(X) = E\{(X-\mu)^2\} = \int_{-\infty}^{\infty}(x-\mu)^2 \mathrm{d}F(x)$$

$$= \begin{cases} \sum_k (v_k-\mu)^2 f(v_k) & (X \text{ が離散分布のとき}) \\ \int_{-\infty}^{\infty}(x-\mu)^2 f(x)\mathrm{d}x & (X \text{ が連続分布のとき}) \end{cases} \quad (3.26)$$

また，$\mathrm{Var}(X)$ の正の平方根のことを，X の（あるいは X の分布の）**標準偏差**という．X の分散あるいは標準偏差は，X が μ から離れる確率が大きければ大きくなる傾向があり，X の'ばらつき'具合を測る1つの尺度である．たとえば，X が正規分布 $\mathrm{N}(\mu, \sigma^2)$ をする場合には，$\mathrm{Var}(X)=\sigma^2$ であるが，$\sigma=0.5, 1, 2$ の各場合について $\mathrm{N}(\mu, \sigma^2)$ の分布の密度関数のグラフを描いた2章の図2.8をみよ．また，代表的な分布の分散が表3.1にまとめてある．

分散にはつぎのような性質がある．

(1) $\mathrm{Var}(X) \geq 0$ \hfill (3.27)

(2) $\mathrm{Var}(X) = E(X^2) - \mu^2$ \hfill (3.28)

　　∵　$(X-\mu)^2 = X^2 - 2\mu X + \mu^2$ であるから

$$\mathrm{Var}(X) = E(X^2 - 2\mu X + \mu^2) = E(X^2) - E(2\mu X) + E(\mu^2)$$
$$= E(X^2) - 2\mu E(X) + \mu^2$$
$$= E(X^2) - 2\mu \cdot \mu + \mu^2$$
$$= E(X^2) - \mu^2$$

(3) a, b を定数とすると，$\mathrm{Var}(aX+b) = a^2 \mathrm{Var}(X)$ \hfill (3.29)

　　∵　$\mathrm{Var}(aX+b) = E\{(aX+b-(a\mu+b))^2\} = E\{a^2(X-\mu)^2\}$
$$= a^2 E\{(X-\mu)^2\} = a^2 \mathrm{Var}(X)$$

(4) 2つの確率変数 X_1, X_2 の平均値を μ_1, μ_2 とすると

$$\mathrm{Var}(X_1+X_2) = \mathrm{Var}(X_1) + \mathrm{Var}(X_2) + 2E\{(X_1-\mu_1)(X_2-\mu_2)\} \quad (3.30)$$

　　∵　$\mathrm{Var}(X_1+X_2) = E[\{(X_1+X_2)-(\mu_1+\mu_2)\}^2]$
$$= E[(X_1-\mu_1)^2 + (X_2-\mu_2)^2 + 2(X_1-\mu_1)(X_2-\mu_2)]$$

表 3.1 (a)　代表的な離散分布の一覧表

分布名とパラメーターの範囲	確率関数 $f(k)$ と変数 k の範囲	平均と分散	特性関数 $\varphi(t)$
2点分布　B(1; p) $0<p<1$ ($q=1-p$)	$p^k q^{1-k}$ $k=0,1$	p pq	$pe^{it}+q$
2項分布　B(n; p) n：自然数 $0<p<1$ ($q=1-p$)	$\binom{n}{k}p^k q^{n-k}$ $k=0,1,\cdots,n$	np npq	$(pe^{it}+q)^n$
幾何分布　Ge(p) $0<p<1$ ($q=1-p$)	pq^k $k=0,1,2,\cdots$	q/p q/p^2	$\dfrac{p}{1-qe^{it}}$
負の2項分布　NB(r; p) r：自然数 $0<p<1$ ($q=1-p$)	$\binom{r+k-1}{k}p^r q^k$ $k=0,1,2,\cdots$	rq/p rq/p^2	$\left(\dfrac{p}{1-qe^{it}}\right)^r$
ポアソン分布　Po(λ) $\lambda>0$	$e^{-\lambda}\dfrac{\lambda^k}{k!}$ $k=0,1,2,\cdots$	λ λ	$\exp[\lambda(e^{it}-1)]$

表 3.1 (b)　代表的な連続分布の一覧表

分布名とパラメーターの範囲	確率密度関数 $f(x)$ と変数 x の範囲	平均と分散	特性関数 $\varphi(t)$
一様分布　U(a,b) $-\infty<a<b<\infty$	$\dfrac{1}{b-a}$ $a\leq x\leq b$	$(a+b)/2$ $(b-a)^2/12$	$\dfrac{e^{ibt}-e^{iat}}{i(b-a)t}$
ベータ分布　Be(α,β) $\alpha>0$, $\beta>0$	$\dfrac{1}{B(\alpha,\beta)}x^{\alpha-1}(1-x)^{\beta-1}$ $0\leq x\leq 1$	$\alpha/(\alpha+\beta)$ $\dfrac{\alpha\beta}{(\alpha+\beta)^2(\alpha+\beta+1)}$	$M(\alpha,\alpha+\beta,it)$
指数分布　Ex(α) $\alpha>0$	$\alpha e^{-\alpha x}$ $x\geq 0$	$1/\alpha$ $1/\alpha^2$	$\left(1-\dfrac{it}{\alpha}\right)^{-1}$
ガンマ分布　G(α,ν) $\alpha>0$, $\nu>0$	$\dfrac{1}{\Gamma(\nu)}\alpha^\nu x^{\nu-1}e^{-\alpha x}$ $x\geq 0$	ν/α ν/α^2	$\left(1-\dfrac{it}{\alpha}\right)^{-\nu}$
正規分布　N(μ,σ^2) $-\infty<\mu<\infty$, $\sigma>0$	$\dfrac{1}{\sqrt{2\pi}\sigma}\exp\left[-\dfrac{1}{2}\left(\dfrac{x-\mu}{\sigma}\right)^2\right]$ $-\infty<x<\infty$	μ σ^2	$\exp\left[i\mu t-\dfrac{\sigma^2}{2}t^2\right]$
コーシー分布　C(μ,α) $-\infty<\mu<\infty$, $\alpha>0$	$\dfrac{1}{\pi}\cdot\dfrac{\alpha}{(x-\mu)^2+\alpha^2}$ $-\infty<x<\infty$	存在せず 存在せず	$e^{i\mu t-\alpha\lvert t\rvert}$

$M(a,b,z)$ は次式で定義される合流型超幾何級数.

$$M(a,b,z)=1+\frac{az}{b}+\frac{(a)_2 z^2}{(b)_2 2!}+\frac{(a)_3 z^3}{(b)_3 3!}+\cdots,$$
$$(a)_n=a(a+1)(a+2)\cdots(a+n-1)$$

$$= \mathrm{Var}(X_1) + \mathrm{Var}(X_2) + 2E\{(X_1-\mu_1)(X_2-\mu_2)\}$$

ここで出てきた

$$E\{(X_1-\mu_1)(X_2-\mu_2)\}$$

のことを，X_1 と X_2 の**共分散** (covariance) といい，$\mathrm{Cov}(X_1, X_2)$ という記号で表す．また

$$r(X_1, X_2) = \mathrm{Cov}(X_1, X_2)/\sqrt{\mathrm{Var}(X_1)\mathrm{Var}(X_2)} \tag{3.31}$$

のことを，X_1 と X_2 の間の**相関係数**という．$r(X_1, X_2) = 0$ であるとき，X_1 と X_2 は無相関であるという．

$$(X_1-\mu_1)(X_2-\mu_2) = X_1 X_2 - \mu_1 X_2 - \mu_2 X_1 + \mu_1 \mu_2$$

であるから，この両辺の期待値をとると

$$\mathrm{Cov}(X_1, X_2) = E\{(X_1-\mu_1)(X_2-\mu_2)\} = E(X_1 X_2) - \mu_1 \mu_2 \tag{3.32}$$

となる．これから，X_1 と X_2 が互いに独立ならば

$$\mathrm{Cov}(X_1, X_2) = r(X_1, X_2) = 0 \quad \text{すなわち} \quad X_1 \text{ と } X_2 \text{ は無相関}$$

であることがわかる (この逆は一般に成り立たない)．

もっと一般的にして，n 個の確率変数 $X_1, X_2, \cdots, X_n$ についてつぎの性質が成り立つことは容易にわかる．

(5) $\displaystyle \mathrm{Var}(X_1 + X_2 + \cdots + X_n) = \sum_{i=1}^n \mathrm{Var}(X_i) + 2\sum_{i=1}^{n-1}\sum_{j=i+1}^n \mathrm{Cov}(X_i, X_j)$ (3.33)

特に，$X_1, X_2, \cdots, X_n$ が互いに独立であれば

$$\mathrm{Var}(X_1 + X_2 + \cdots + X_n) = \mathrm{Var}(X_1) + \mathrm{Var}(X_2) + \cdots + \mathrm{Var}(X_n) \tag{3.34}$$

が成り立つ．

チェビシェフの不等式　　$E(X) = \mu$，$\mathrm{Var}(X) = \sigma^2 > 0$ の場合，$Y = (X-\mu)/\sigma$ とすると，$E(Y) = 0$，$\mathrm{Var}(Y) = 1$ となる．このように，確率変数 X が与えられたとき，平均値が0，分散が1になるように1次変換 $(X-\mu)/\sigma$ をすることを，X を**規格化**するという．

λ を任意の正数とすると，$|Y| \geq \lambda$ となる確率，すなわち X が平均値 μ から標準偏差 σ の λ 倍以上離れる確率は，λ が大きいほど小さくなる．この確率の正確な値は，もちろん X の分布によって異なるが，分布が何であっても，つぎの不等式：

$$P(|X-\mu| \geq \lambda\sigma) \leq \frac{1}{\lambda^2} \tag{3.35}$$

が成り立つ．これを**チェビシェフの不等式**という．

【証明】実数軸をつぎの3つの区間
$$I_1=(-\infty, \mu-\lambda\sigma), \quad I_2=[\mu-\lambda\sigma, \mu+\lambda\sigma], \quad I_3=(\mu+\lambda\sigma, \infty)$$
に分ける．そうすると，X の分散 σ^2 はつぎのように書ける：
$$\sigma^2=\int_{I_1}(x-\mu)^2 dF(x)+\int_{I_2}(x-\mu)^2 dF(x)+\int_{I_3}(x-\mu)^2 dF(x)$$
区間 I_1, I_3 では $|x-\mu|\geq\lambda\sigma$ が成り立つこと，および区間 I_2 での上記の積分は非負であることを用いると
$$\sigma^2\geq\int_{I_1}(\lambda\sigma)^2 dF(x)+\int_{I_3}(\lambda\sigma)^2 dF(x)$$
$$=(\lambda\sigma)^2 P(|X-\mu|\geq\lambda\sigma)$$
が得られ，この両辺を $(\lambda\sigma)^2$ で割ると式 (3.35) が得られる． ∎

大数の弱法則 チェビシェフの不等式から，確率論においてきわめて重要な法則である大数の弱法則が得られる．

> 【定理 3.8】**大数の弱法則** $X_1, X_2, \cdots, X_n$ を互いに独立で平均が μ の同一分布に従う確率変数とする．
> $$S_n=X_1+X_2+\cdots+X_n$$
> とすると，任意の正数 ε に対して
> $$\lim_{n\to\infty} P\left(\left|\frac{S_n}{n}-\mu\right|\geq\varepsilon\right)=0 \tag{3.36}$$
> が成り立つ．

【証明】この法則は，分散が存在しない分布に対しても成り立つが，その場合の証明は後の章ですることにし，ここでは分散 σ^2 が存在する場合の証明を示す．分散の性質の (3) および (5) により
$$\mathrm{Var}\left(\frac{S_n}{n}\right)=\frac{1}{n^2}\mathrm{Var}(S_n)=\frac{1}{n^2}\cdot n\sigma^2=\frac{\sigma^2}{n} \tag{3.37}$$
であり，また
$$E\left(\frac{S_n}{n}\right)=\mu \tag{3.38}$$
であるから，S_n/n にチェビシェフの不等式を適用すると
$$P\left(\left|\frac{S_n}{n}-\mu\right|\geq\lambda\frac{\sigma}{\sqrt{n}}\right)\leq\frac{1}{\lambda^2}$$
となる．ここで，$\lambda\sigma/\sqrt{n}=\varepsilon$ とおくと
$$P\left(\left|\frac{S_n}{n}-\mu\right|\geq\varepsilon\right)\leq\frac{\sigma^2}{n\varepsilon^2}$$
となり，$n\to\infty$ とすると式 (3.36) が得られる． ∎

なお，一般に確率変数の列 $Y_1, Y_2, \cdots$ に対して
$$\lim_{n\to\infty} P(|Y_n-\mu|\geq\varepsilon)=0 \tag{3.39}$$
が任意の $\varepsilon>0$ について成り立つとき，$Y_1, Y_2, \cdots$ は μ に **確率収束** するという．大数の弱法則は，同一分布から独立に取られたサンプルの算術平均が，分布の平均に確率収束することを示したものである．

3.3 高次モーメント

分散の定義式 (3.26) を一般化して，任意の自然数 l に対して
$$\mu_l \equiv E\{(X-\mu)^l\} \tag{3.40}$$
を考え，**平均値のまわりの l 次のモーメント** という．また
$$\mu_l' \equiv E(X^l) \tag{3.41}$$
のことを **原点のまわりの l 次のモーメント** という．

これらは，分布によって，また l によって，存在することもしないこともある．l 次のモーメントが存在すれば，その分布の l 次以下のすべてのモーメントが存在すること，したがって，逆に l 次のモーメントが存在しなければ，その分布の l 次以上のすべてのモーメントが存在しないことが知られている．

平均値のまわりのモーメントと原点のまわりのモーメントの間には，つぎのような関係があることは容易にわかる．
$$\begin{aligned}&\mu_2 = \mu_2' - \mu^2, & &\mu_2' = \mu_2 + \mu^2 \\ &\mu_3 = \mu_3' - 3\mu_2'\mu + 2\mu^3, & &\mu_3' = \mu_3 + 3\mu_2\mu + \mu^3 \\ &\quad\vdots & &\quad\vdots \end{aligned} \tag{3.42}$$

X を規格化して得られる確率変数 $(X-\mu)/\sigma$ の平均値（＝原点）のまわりの3次および4次のモーメントは，それぞれ
$$\frac{\mu_3}{\sigma^3}, \quad \frac{\mu_4}{\sigma^4} \tag{3.43}$$
であるが，これを X の分布の **ゆがみ** (skewness) および **とがり** (kurtosis) という．正規分布の場合には，これらが 0 および 3 となるので，μ_3/σ^3 および $(\mu_4/\sigma^4)-3$ をもって，X の分布と正規分布の'ずれ'の尺度とすることがある．

---------- 練 習 問 題

3.1 ［定理3.1］を証明せよ．

3.2 X を幾何分布 $\mathrm{Ge}(p)$ に従って分布する確率変数，l を自然数とするとき，$Y=\min(X, l)$ の分布の平均値を求めよ．

3.3 X を確率変数，c を任意の定数として $E[(X-c)^2]$ を考える．この値が最小になるのは，$c=E(X)$ の場合であることを示せ．

3.4 負の2項分布 $\mathrm{NB}(r; p)$ の平均と分散がそれぞれ $rq/p, rq/p^2$ となることを確かめよ（表3.1参照）．［ヒント：幾何分布との関係を利用するとよい．］

3.5 X, Y の平均が0，分散が1で，共分散が ρ ならば，$Z=X-\rho Y$ の平均は0，分散は $1-\rho^2$ で，Z と Y は無相関であることを示せ．

3.6 任意の確率変数 X, Y に対して
$$E(X^2)E(Y^2) \geq \{E(XY)\}^2$$
が成り立つ（**シュヴァルツの不等式**）．これを証明せよ．

［ヒント：t を任意の実数とするとき，$E\{(tX+Y)^2\} \geq 0$ が成り立つことを基にして，2次式の判別式の性質を使うとよい．］

また，上式で等号が成り立つのは，どのような場合か．

3.7 前問の結果を利用して，任意の確率変数 X_1, X_2 の間の相関係数 $r(X_1, X_2)$ の絶対値は1以下であることを示せ．また，$r(X_1, X_2)=\pm 1$ となるのはどのような場合であるか考察せよ．

3.8 N は非負の整数値をとる確率変数で，その分布の平均と分散は有限であるものとする．また，$X_1, X_2, \cdots$ は互いに独立で，平均が μ，分散が σ^2 の同一の分布をし，N とも独立であるものとする．'不定個数の X の和' $S_N=X_1+X_2+\cdots+X_N$（$S_0=0$ と定義する）の平均と分散は次式で与えられることを示せ．
$$E(S_N)=E(N)\mu$$
$$\mathrm{Var}(S_N)=E(N)\sigma^2+\mathrm{Var}(N)\mu^2$$

3.9 $X_1, X_2, \cdots, X_n$ は互いに独立で，平均 μ，分散 σ^2 の同一分布に従って分布するものとする．$\bar{X}=(X_1+X_2+\cdots+X_n)/n$ とおく．

(1) $\sum_{i=1}^{n}(X_i-\bar{X})^2 = \sum_{i=1}^{n}(X_i-\mu)^2 - n(\bar{X}-\mu)^2$ が成り立つことを示せ．

(2) $E\left[\sum_{i=1}^{n}(X_i-\bar{X})^2\right]=(n-1)\sigma^2$ であることを示せ．

3.10 チェビシェフの不等式を用いて，規格化された確率変数 Y の絶対値が1以上，2以上，および3以上になる確率の上界を求めよ．つぎに，指数分布 $\mathrm{Ex}(1)$ および正規分布 $\mathrm{N}(\mu, \sigma^2)$ をする確率変数について上記の確率を求め，上界評価と比較せよ．

4

母関数と特性関数

4.1 確率母関数

X は非負の整数値 $0, 1, 2, \cdots$ をとる確率変数で，$f(k)$ がその確率関数であるものとする．このとき，$-1 \leq z \leq 1$ の範囲の任意の実定数 z に対して，z^X は確率変数となり，その平均値 $E(z^X)$ を考えることができる．その値を，z の関数と考えて，$G(z)$ と書くことにする：

$$G(z) = E(z^X) = \sum_{k=0}^{\infty} f(k) z^k \tag{4.1}$$

$|z| \leq 1$ の範囲では

$$|G(z)| \leq \sum_{k=0}^{\infty} f(k)|z|^k \leq \sum_{k=0}^{\infty} f(k) = 1$$

であるから，級数 (4.1) は収束し，$|z| < 1$ の範囲では何度でも項別に微分できる．たとえば

$$G'(z) = \sum_{k=1}^{\infty} f(k) k z^{k-1} = E(X z^{X-1}) \tag{4.2}$$

$$G''(z) = \sum_{k=2}^{\infty} f(k) k(k-1) z^{k-2} = E\{X(X-1) z^{X-2}\} \tag{4.3}$$

等であり，一般に

$$G^{(l)}(z) = \sum_{k=l}^{\infty} f(k) k(k-1) \cdots (k-l+1) z^{k-l}$$
$$= E\{X(X-1) \cdots (X-l+1) z^{X-l}\} \tag{4.4}$$

である．ここで，$z = 0$ とおくと

$$G^{(l)}(0) = f(l) l! \Rightarrow f(l) = G^{(l)}(0) / l! \tag{4.5}$$

が得られる．すなわち式 (4.1) は確率関数 $f(k)$ が与えられると $G(z)$ が定まることを示しているが，式 (4.5) は逆に $G(z)$ が与えられれば，それから確率関数 $f(k)$ が定まることを示している．このようなわけで，$G(z)$ のことを**確率母関数**

(probability generating function) とよぶ．確率関数と確率母関数とは1対1に対応する．

なお，式 (4.2) および式 (4.3) で $z=1$ とおくと

$$G'(1)=E(X) \tag{4.6}$$
$$G''(1)=E\{X(X-1)\}=E(X^2)-E(X) \tag{4.7}$$

となり，これから

$$E(X)=G'(1) \tag{4.8}$$
$$\mathrm{Var}(X)=E(X^2)-\{E(X)\}^2=G''(1)+G'(1)-\{G'(1)\}^2 \tag{4.9}$$

が得られる．すなわち，分布の平均，分散は，確率母関数を使って計算することもできるのである．

【例 4.1】 X が2項分布 $\mathrm{B}(n;p)$ に従うとき

$$f(k)=\begin{cases}\binom{n}{k}p^k(1-p)^{n-k} & (0\leq k\leq n) \\ 0 & (k>n)\end{cases}$$

であるから

$$G(z)=\sum_{k=0}^{n}\binom{n}{k}p^k(1-p)^{n-k}z^k=\sum_{k=0}^{n}\binom{n}{k}(pz)^k(1-p)^{n-k}$$
$$=(pz+q)^n \quad (q=1-p) \tag{4.10}$$

これから

$$G'(1)=np\,(pz+q)^{n-1}|_{z=1}=np=E(X)$$
$$G''(1)=n(n-1)p^2(pz+q)^{n-2}|_{z=1}=n(n-1)p^2$$
$$\mathrm{Var}(X)=n(n-1)p^2+np-(np)^2=npq$$

が得られる． □

【例 4.2】 X がポアソン分布 $\mathrm{Po}(\lambda)$ に従うとき

$$f(k)=\mathrm{e}^{-\lambda}\frac{\lambda^k}{k!} \quad (k\geq 0)$$

であるから

$$G(z)=\sum_{k=0}^{\infty}\mathrm{e}^{-\lambda}\frac{\lambda^k}{k!}z^k=\mathrm{e}^{-\lambda}\sum_{k=0}^{\infty}\frac{(\lambda z)^k}{k!}=\mathrm{e}^{-\lambda}\cdot\mathrm{e}^{\lambda z}=\mathrm{e}^{\lambda(z-1)} \tag{4.11}$$

となる．これを微分すると

$$G'(z)=\lambda\mathrm{e}^{\lambda(z-1)}, \quad G''(z)=\lambda^2\mathrm{e}^{\lambda(z-1)}$$

であるから

$$E(X)=\lambda, \quad \mathrm{Var}(X)=\lambda$$

が得られる. □

確率母関数は，互いに独立で非負の整数値をとる複数個の確率変数の和の分布を求めるのに使うと便利なことが多い．その際，つぎの性質が使われる．

> **【定理 4.1】** $X_1, X_2, \cdots, X_r$ が互いに独立で，非負の整数値をとる確率変数であるものとし
> $$S = X_1 + X_2 + \cdots + X_r$$
> とおく．X_i の確率母関数を $G_i(z)$，S の確率母関数を $G_S(z)$ と書くことにすると
> $$G_S(z) = G_1(z)G_2(z)\cdots G_r(z) \qquad (4.12)$$
> が成り立つ．

【証明】 $r=2$ の場合に式 (4.12) が成り立つことを証明すれば，一般の r について式 (4.12) が成り立つことは数学的帰納法によって示せるので，$r=2$ の場合について証明する．

2.5 節で示したとおり
$$P(X_1 + X_2 = k) = \sum_{l=0}^{k} P(X_1 = l \text{ かつ } X_2 = k-l)$$
$$= \sum_{l=0}^{k} P(X_1 = l) P(X_2 = k-l)$$

であるから
$$G_S(z) = \sum_{k=0}^{\infty} P(X_1 + X_2 = k) z^k$$
$$= \sum_{k=0}^{\infty} \left\{ \sum_{l=0}^{k} P(X_1 = l) P(X_2 = k-l) z^l \cdot z^{k-l} \right\}$$

となる．ここで，和をとる順序を交換し，$k-l$ を k' と書くことにすると
$$G_S(z) = \sum_{l=0}^{\infty} P(X_1 = l) z^l \sum_{k'=0}^{\infty} P(X_2 = k') z^{k'}$$
$$= G_1(z) G_2(z)$$

が得られる． ■

【例 4.3】 $X_1, X_2, \cdots, X_r$ が互いに独立で，それぞれ 2 項分布 $\mathrm{B}(n_i; p)$ に従うならば，$S = X_1 + X_2 + \cdots + X_r$ は 2 項分布 $\mathrm{B}(n_1 + n_2 + \cdots + n_r; p)$ に従う．なぜなら，[例 4.1] により
$$G_i(z) = (pz + 1 - p)^{n_i}$$
であるから
$$G_S(z) = (pz + 1 - p)^{n_1 + n_2 + \cdots + n_r}$$

となり，この式の右辺は 2 項分布 $\mathrm{B}(n_1+n_2+\cdots+n_r;\,p)$ の確率母関数だからである． □

【問】$X_1, X_2, \cdots, X_r$ が互いに独立で，それぞれポアソン分布 $\mathrm{Po}(\lambda_i)$ に従うならば，$S = X_1+X_2+\cdots+X_r$ はポアソン分布 $\mathrm{Po}(\lambda_1+\lambda_2+\cdots+\lambda_r)$ に従うことを示せ．

2 項分布およびポアソン分布についてここで示した性質，すなわち，'同一の型（パラメターの値は必ずしも同じでない）の分布に従う複数の互いに独立な確率変数の和の分布が，再び同一の型の分布になる'という性質は，分布の**再生性**とよばれている．再生性を有する分布は，この他にもいくつか知られている．

4.2 モーメント母関数

X を任意の確率変数（離散型でも連続型でもよい），θ を実定数とすると，$\mathrm{e}^{\theta X}$ も確率変数であるから，その平均値

$$M(\theta) \equiv E(\mathrm{e}^{\theta X}) = \int_{-\infty}^{\infty} \mathrm{e}^{\theta x} \mathrm{d}F(x) \tag{4.13}$$

を考えることができる．$\theta=0$ を含む適当な範囲の θ に対してこの平均値が存在する（すなわち有限の値をとる）とき，$M(\theta)$ のことを，θ の関数とみなして**モーメント母関数**という．$M(\theta)$ は $\theta=0$ で何回でも微分できて

$$M^{(l)}(0) = E(X^l) = \mu_l' \tag{4.14}$$

が成り立つ．すなわち，$M(\theta)$ を微分することによって，原点のまわりの任意の次数のモーメントが求められる．モーメント母関数という名称は，この性質に由来する．

X のモーメント母関数が $M(\theta)$ であるとき，$Y=aX+b$（a, b は定数）のモーメント母関数は

$$E(\mathrm{e}^{\theta(aX+b)}) = E(\mathrm{e}^{a\theta X} \cdot \mathrm{e}^{b\theta}) = \mathrm{e}^{b\theta} M(a\theta) \tag{4.15}$$

である．また，X が非負の整数値のみをとる確率変数である場合には，モーメント母関数 $M(\theta)$ と確率母関数 $G(z)$ との間には

$$M(\theta) = G(\mathrm{e}^\theta) \tag{4.16}$$

という関係がある．

【例 4.4】X が標準正規分布 $\mathrm{N}(0,1)$ に従う場合

$$M(\theta) = \int_{-\infty}^{\infty} \mathrm{e}^{\theta x} \frac{1}{\sqrt{2\pi}} \mathrm{e}^{-x^2/2} \mathrm{d}x$$

$$= e^{\theta^2/2} \int_{-\infty}^{\infty} \frac{1}{\sqrt{2\pi}} e^{-(x-\theta)^2/2} dx = e^{\theta^2/2} \qquad (4.17)$$

これを $\theta=0$ のまわりにテイラー展開すると

$$M(\theta) = \sum_{k=0}^{\infty} \frac{(\theta^2/2)^k}{k!} = \sum_{k=0}^{\infty} \frac{\theta^{2k}}{2^k k!}$$

となる. したがって, 原点のまわりの奇数次のモーメントはすべて 0, $2k$ 次のモーメントは $(2k)!/(2^k k!)$ となる.

なお, $Y = \sigma X + \mu$ は正規分布 $N(\mu, \sigma^2)$ に従うが, そのモーメント母関数は, 式 (4.15) により

$$e^{\mu\theta} \cdot e^{(\sigma\theta)^2/2} = \exp\left[\mu\theta + \frac{\sigma^2}{2}\theta^2\right] \qquad (4.18)$$

となる. □

【例 4.5】 2 項分布 $B(n; p)$ のモーメント母関数は, 式 (4.16) により確率母関数

$$G(z) = (pz + 1 - p)^n$$

の z に e^θ を代入して

$$M(\theta) = (pe^\theta + 1 - p)^n \qquad (4.19)$$

となる. これを θ で微分すると

$$M'(\theta) = npe^\theta (pe^\theta + 1 - p)^{n-1}$$
$$M''(\theta) = npe^\theta (pe^\theta + 1 - p)^{n-1} + n(n-1)(pe^\theta)^2 (pe^\theta + 1 - p)^{n-2}$$

であるから, この分布の平均と分散はそれぞれ

$$E(X) = M'(0) = np$$
$$\text{Var}(X) = M''(\theta) - \{E(X)\}^2 = np(1-p)$$

であることが導かれる. □

独立な確率変数の和のモーメント母関数については, 確率母関数に関する [定理 4.1] に対応して, つぎの定理が成り立つ.

【定理 4.2】 $X_1, X_2, \cdots, X_r$ が互いに独立であり, それらのモーメント母関数が $M_1(\theta), M_2(\theta), \cdots, M_r(\theta)$ であるものとする.

$$S = X_1 + X_2 + \cdots + X_r$$

のモーメント母関数を $M_S(\theta)$ と書くことにすると

$$M_S(\theta) = M_1(\theta) M_2(\theta) \cdots M_r(\theta) \qquad (4.20)$$

が成り立つ.

4.3 特 性 関 数

モーメント母関数は,どんな分布に対しても存在するというわけではない.たとえば,平均値の存在しないコーシー分布にモーメント母関数が存在しないことは明らかであろう.そこで,その定義の式 (4.13) の z を $\mathrm{i}t$ (t は実数で,i は虚数単位 $\sqrt{-1}$) で置き換えたもの

$$\varphi(t) \equiv E(\mathrm{e}^{\mathrm{i}tX}) = \int_{-\infty}^{\infty} \mathrm{e}^{\mathrm{i}tx} \mathrm{d}F(x) \tag{4.21}$$

を考える.これを確率変数 X の(あるいは X の分布の)**特性関数**という.特性関数は任意の分布に対して存在する.なぜなら

$$|\varphi(t)| \leq E(|\mathrm{e}^{\mathrm{i}tX}|) = E(1) = 1$$

だからである.

モーメント母関数 $M(\theta)$ が存在する場合には,その θ を形式的に $\mathrm{i}t$ で置き換えることによって $\varphi(t)$ が得られる:

$$\varphi(t) = M(\mathrm{i}t) \tag{4.22}$$

たとえば

$$\text{2 項分布 B}(n; p) : \quad \varphi(t) = (p\mathrm{e}^{\mathrm{i}t} + 1 - p)^n \tag{4.23}$$

$$\text{正規分布 N}(\mu, \sigma^2) : \quad \varphi(t) = \exp\left[\mathrm{i}\mu t - \frac{\sigma^2}{2} t^2\right] \tag{4.24}$$

である.

モーメントは,特性関数を微分することによっても得られる.すなわち

$$\varphi^{(l)}(t) = E\{(\mathrm{i}X)^l \mathrm{e}^{\mathrm{i}tX}\}, \quad \varphi^{(l)}(0) = E\{(\mathrm{i}X)^l\}$$

であるから

$$E(X^l) = \varphi^{(l)}(0) / \mathrm{i}^l \tag{4.25}$$

となる.これから,特に

$$E(X) = \varphi'(0) / \mathrm{i} \tag{4.26}$$

$$\mathrm{Var}(X) = -\varphi''(0) + \{\varphi'(0)\}^2 \tag{4.27}$$

が得られる.

もしも s 次までの原点のまわりのモーメント μ_l' ($1 \leq l \leq s$) が存在するとすれば,$\varphi(t)$ は $t=0$ のまわりにつぎのようにテイラー展開できる.

$$\varphi(t) = 1 + \sum_{l=1}^{s} \frac{(\mathrm{i}t)^l}{l!} \mu_l' + \mathrm{o}(t^s) \tag{4.28}$$

ここに，$o(t^s)$ は t^s より高次の微小量，すなわち
$$\lim_{t \to 0} \frac{o(t^s)}{t^s} = 0$$
である．

特性関数についても，確率母関数に関する［定理 4.1］，モーメント母関数に関する［定理 4.2］に対応するつぎの定理が成立する．

【定理 4.3】 $X_1, X_2, \cdots, X_r$ が互いに独立な確率変数で，X_j の特性関数が $\varphi_j(t)$ であるとすると，$S = X_1 + X_2 + \cdots + X_r$ の特性関数 $\varphi_S(t)$ は
$$\varphi_S(t) = \varphi_1(t)\varphi_2(t)\cdots\varphi_r(t) \tag{4.29}$$
である．

【証明】
$$\begin{aligned}\varphi_S(t) &= E(e^{it(X_1 + X_2 + \cdots + X_r)}) = E(e^{itX_1} \cdot e^{itX_2} \cdots e^{itX_r}) \\ &= E(e^{itX_1})E(e^{itX_2})\cdots E(e^{itX_r}) \\ &= \varphi_1(t)\varphi_2(t)\cdots\varphi_r(t)\end{aligned}$$ ■

この定理は，後で示すとおり，確率変数の和の分布の性質を調べる際に重要な役割を果たす．

特性関数は，確率分布の性質を調べる上で重要な道具である．それは，下記の定理に述べるように，確率分布と特性関数とは 1 対 1 に対応し，また 2 つの確率分布が近いなら，それらに対応する特性関数どうしも近いという性質があるからである．

【定理 4.4】 2 つの確率変数 X_1, X_2 の分布関数を $F_1(x), F_2(x)$，特性関数を $\varphi_1(t), \varphi_2(t)$ とすると，$F_1(x) \equiv F_2(x)$ であるための必要十分条件は，$\varphi_1(t) \equiv \varphi_2(t)$ であることである．

特に，整数値をとる確率変数に対しては
$$f(k) = \frac{1}{2\pi}\int_{-\pi}^{\pi} e^{-ikt}\varphi(t)dt \tag{4.30}$$
連続型の分布をする確率変数に対しては
$$f(x) = \frac{1}{2\pi}\int_{-\infty}^{\infty} e^{-ixt}\varphi(t)dt \tag{4.31}$$
という**反転公式**が成り立つ．

【定理 4.5】連続定理　$F_1(x), F_2(x), \cdots$ を分布関数の系列とし，$\varphi_1(t), \varphi_2(t), \cdots$ をそれに対応する特性関数の系列とする．任意の実数 t について数列 $\varphi_1(t), \varphi_2(t), \cdots$ が収束して

$$\lim_{n\to\infty}\varphi_n(t)=\varphi(t) \tag{4.32}$$

で，$\varphi(t)$ が $t=0$ で連続なら，$\varphi(t)$ は特性関数となる．そして，$\varphi(t)$ に対応する分布関数を $F(x)$ とすると，$F(x)$ のすべての連続点で

$$\lim_{n\to\infty}F_n(x)=F(x) \tag{4.33}$$

が成り立つ．

【例 4.6】正規分布，ガンマ分布の再生性　$X_k\,(k=1,2,\cdots,n)$ が互いに独立にそれぞれ正規分布 $N(\mu_k, \sigma_k^2)$ に従って分布するとき，それらの和 S の分布の特性関数 $\varphi_S(t)$ は，式 (4.24) および [定理 4.3] より

$$\varphi_S(t)=\prod_{k=1}^n \exp\left[i\mu_k t-\frac{\sigma_k^2}{2}t^2\right]=\exp\left[i\mu t-\frac{\sigma^2}{2}t^2\right]$$

$$\sigma^2=\sigma_1^2+\sigma_2^2+\cdots+\sigma_n^2$$

$$\mu=\mu_1+\mu_2+\cdots+\mu_n$$

となる．したがって，S は正規分布 $N(\mu, \sigma^2)$ をする．

また，**ガンマ分布 $G(\alpha, \nu)$ の特性関数**は

$$\varphi(t)=\int_0^\infty e^{itx}\frac{1}{\Gamma(\nu)}\alpha^\nu x^{\nu-1}e^{-\alpha x}dx$$

$$=\left(1-\frac{it}{\alpha}\right)^{-\nu} \tag{4.34}$$

である*．したがって，$X_k\,(k=1,2,\cdots,n)$ が互いに独立にガンマ分布 $G(\alpha, \nu_k)$ に従って分布するとき，その和 S の分布の特性関数は

$$\varphi_S(t)=\prod_{k=1}^n\left(1-\frac{it}{\alpha}\right)^{-\nu_k}=\left(1-\frac{it}{\alpha}\right)^{-\nu},\qquad \nu=\nu_1+\nu_2+\cdots+\nu_n$$

となり，S はガンマ分布 $G(\alpha, \nu)$ をすることがわかる．　□

特性関数は，2 つ以上の確率変数が互いに独立であるかどうかを判定するのに使うと便利なことがある．その際に使われる定理を挙げておこう．

---

* この特性関数を求めるためには，厳密には複素積分に関する知識が必要であるが，ここでは，それには深入りをしないで，つぎのような形式的な変数変換によって式 (4.34) が得られることを確かめよう．$(\alpha-it)x=y$ とおいて，積分変数を x から y に変換すると

$$\varphi(t)=\int_0^\infty \frac{1}{\Gamma(\nu)}\left(\frac{\alpha}{\alpha-it}\right)^\nu e^{-y}y^{\nu-1}dy=\left(\frac{\alpha}{\alpha-it}\right)^\nu=\left(1-\frac{it}{\alpha}\right)^{-\nu}$$

まず，確率変数 $X_1, X_2, \cdots, X_r$ の同時分布の特性関数は
$$\varphi(t_1, t_2, \cdots, t_r) = E\{\exp[i(t_1 X_1 + t_2 X_2 + \cdots + t_r X_r)]\} \tag{4.35}$$
で定義される．個々の確率変数 X_j の特性関数を $\varphi_j(t_j)$ と書くことにすると，たとえば
$$\varphi_1(t_1) = \varphi(t_1, 0, \cdots, 0) \tag{4.36}$$
であることは容易にわかる．

2章の式 (2.51) に対応して，つぎの定理が成り立つ．

【定理 4.6】$X_1, X_2, \cdots, X_r$ が互いに独立であるための必要十分条件は
$$\varphi(t_1, t_2, \cdots, t_r) \equiv \varphi_1(t_1) \varphi_2(t_2) \cdots \varphi_r(t_r) \tag{4.37}$$
が成り立つことである．

【例 4.7】Y_1, Y_2 が互いに独立で，同一の正規分布 $N(\mu, \sigma^2)$ に従う確率変数であるとき，$X_1 = Y_1 + Y_2$ と $X_2 = Y_1 - Y_2$ は互いに独立であることを示そう．

まず，X_1 と X_2 の同時分布の特性関数は
$$\begin{aligned}
\varphi(t_1, t_2) &= E\{\exp[it_1(Y_1 + Y_2) + it_2(Y_1 - Y_2)]\} \\
&= E\{\exp[i(t_1 + t_2)Y_1 + i(t_1 - t_2)Y_2]\} \\
&= E\{\exp[i(t_1 + t_2)Y_1]\} \cdot E\{\exp[i(t_1 - t_2)Y_2]\} \\
&= \exp\left[i\mu(t_1 + t_2) - \frac{\sigma^2}{2}(t_1 + t_2)^2\right] \\
&\quad \times \exp\left[i\mu(t_1 - t_2) - \frac{\sigma^2}{2}(t_1 - t_2)^2\right] \\
&= \exp[2i\mu t_1 - \sigma^2(t_1^2 + t_2^2)]
\end{aligned}$$
となる．一方，X_1 は正規分布 $N(2\mu, 2\sigma^2)$，X_2 は正規分布 $N(0, 2\sigma^2)$ に従うので，それらの特性関数は
$$\varphi_1(t_1) = \exp\left[i(2\mu)t_1 - \frac{2\sigma^2}{2}t_1^2\right]$$
$$\varphi_2(t_2) = \exp\left[i(0)t_2 - \frac{2\sigma^2}{2}t_2^2\right]$$
となる．したがって，$\varphi(t_1, t_2) = \varphi_1(t_1) \varphi_2(t_2)$ が成り立ち，[定理 4.6] により，X_1 と X_2 は互いに独立となる． □

連続定理（[定理 4.5]）を使うと，3章で述べた**大数の弱法則**（[定理 3.8]）を，分散の存在を仮定しないで証明することができる．$X_1, X_2, \cdots$ が互いに独立で同

一の分布に従うものとし，その分布の平均(有限な値)を μ, 特性関数を $\varphi(t)$ とする. $S_n/n=(X_1+X_2+\cdots+X_n)/n$ の特性関数を $\varphi_n(t)$ と書くことにすると

$$\varphi_n(t)=[\varphi(t/n)]^n \tag{4.38}$$

である．ところで，$\varphi(t)$ を式 (4.28) のようにテイラー展開すると

$$\varphi(t)=1+\mathrm{i}\mu t+\mathrm{o}(t)$$

となる．一方，$\mathrm{e}^{\mathrm{i}\mu t}$ を $t=0$ のまわりにテイラー展開すると

$$\mathrm{e}^{\mathrm{i}\mu t}=1+\mathrm{i}\mu t+\mathrm{o}(t)$$

であるから

$$\varphi(t)=\mathrm{e}^{\mathrm{i}\mu t}+\mathrm{o}(t)$$

となる．したがって

$$\varphi_n(t)=\left[\mathrm{e}^{\mathrm{i}\mu t/n}+\mathrm{o}\!\left(\frac{t}{n}\right)\right]^n \to \mathrm{e}^{\mathrm{i}\mu t} \qquad (n\to\infty)$$

が得られる．$\mathrm{e}^{\mathrm{i}\mu t}$ は，確率 1 で μ という値をとる確率変数の特性関数であるから，連続定理により

$$\lim_{n\to\infty}P\!\left(\left|\frac{S_n}{n}-\mu\right|>\varepsilon\right)=0$$

が任意の $\varepsilon>0$ に対して成り立つことがわかる．

4.4 中心極限定理

$X_1, X_2, \cdots, X_n$ を互いに独立で平均が μ, 分散が $\sigma^2(>0)$ の同一分布に従う確率変数とするとき，それらの和 $S_n=X_1+X_2+\cdots+X_n$ が応用上たいせつであることは，すでに述べたとおりである．大数の法則は，$S_n-n\mu$ を n で割ったものが $n\to\infty$ のとき 0 に収束すること，すなわち

$$\frac{S_n-n\mu}{n}=\frac{S_n}{n}-\mu\to 0 \qquad (\text{確率収束}) \tag{4.39}$$

であることを示したものであった．一方，$S_n-n\mu$ そのものについては，平均は 0 であるが，分散が $n\sigma^2$ であるから，$n\to\infty$ のとき分散が無限大になってしまって，常識的な意味での収束はしない．それでは，$(S_n-n\mu)/n$ と $(S_n-n\mu)/1$ との'中間的な'量である

$$S_n{}^*\equiv(S_n-n\mu)/(\sqrt{n}\,\sigma) \tag{4.40}$$

については，どんな漸近的性質があるだろうか．$S_n{}^*$ は S_n を規格化したものであるから，任意の n について，平均が 0, 分散が 1 であることは当然であるが，

4.4 中心極限定理

図 4.1 2項分布 B(10; 0.3) に従う確率変数を規格化したもの ($S_{10}{}^*$) の分布の確率関数と標準正規分布の確率密度関数との比較
$S_{10}{}^*$ がとる値は，'柱' の横方向の中心の x 座標に等しく，その確率は '柱' の面積に等しい．

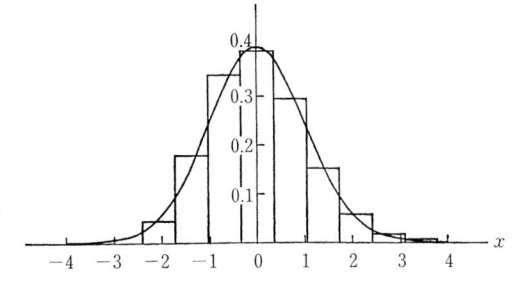

著しい特徴は，<u>$X_1, X_2, \cdots$ の分布が何であっても</u>，$S_n{}^*$ の分布が標準正規分布 $N(0,1)$ に近づくことである．すなわち，任意の実数 a^* に対して

$$\lim_{n\to\infty} P(S_n{}^* \leq a^*) = \Phi(a^*) = \int_{-\infty}^{a^*} \frac{1}{\sqrt{2\pi}} e^{-x^2/2} dx \tag{4.41}$$

が成り立つ．この事実は**中心極限定理**とよばれ，確率論および統計学においてまさに中心的な役割を演ずる極限定理である．

図 4.1 は，$X_1, X_2, \cdots, X_{10}$ が 2 点分布 B(1; 0.3) に従う場合の $S_{10}{}^*$ の分布 (すなわち 2 項分布 B(10; 0.3) を規格化したもの) の確率関数と標準正規分布の密度関数を比較して示したものである．中心極限定理はもちろん n が無限に大きくなったときの話であるが，$n=10$ 程度でも，$S_n{}^*$ の分布が標準正規分布にかなり近いことがわかる．

図 4.2 は，一様分布 U(0, 1) に従う n 個の独立な確率変数の和 S_n を規格化した $S_n{}^*$ の確率密度関数 $f_n(x)$ を示したものである．$n=6$ では，グラフは標準正規分布の密度関数のグラフ (図 4.1 参照) にきわめて近くなっている．

このように，n がそれほど大きくなくても，近似式

$$P(S_n \leq a) = P(S_n{}^* \leq a^*) \fallingdotseq \Phi(a^*), \qquad a^* = \frac{a-n\mu}{\sqrt{n}\sigma} \tag{4.42}$$

が成り立つ[†]．このことを使うと，正確に計算するのがたいへんにめんどうな確

[†] $X_1, X_2, \cdots$ の分布が連続分布である場合には，この近似式中の $S_n \leq a$ を $S_n < a$ で置き換えても同じことである．S_n のとりうる値が整数値のみの離散分布の場合には，a を整数とすると
$$P(S_n \leq a) = P(S_n \leq a+0.5)$$
が成り立つ．そして
$$P(S_n \leq a) \fallingdotseq \Phi\left(\frac{a+0.5-n\mu}{\sqrt{n}\sigma}\right) \tag{4.43}$$
とするほうが，一般に式 (4.42) よりよい近似式となる．この補正を**不連続補正**とよぶ (連続補正とよぶこともある)．これは n が小さいときに特に有効である．

率を，正規分布表を利用して良い精度で簡単に計算することができる．

【例4.8】2項分布 B(50; 0.2) に従う確率変数 S_{50} の値が 15 以下である確率 $P(S_{50} \leq 15)$ を計算する．

この確率は，正確には 16 項の和

$$\sum_{k=0}^{15} \binom{50}{k}(0.2)^k (0.8)^{50-k}$$

を計算することによって得られるわけであるが，それを実行することは相当にたいへんである．しかし

$E(S_{50}) = 50 \times 0.2 = 10$

$\mathrm{Var}(S_{50}) = 50 \times 0.2 \times 0.8 = 8$

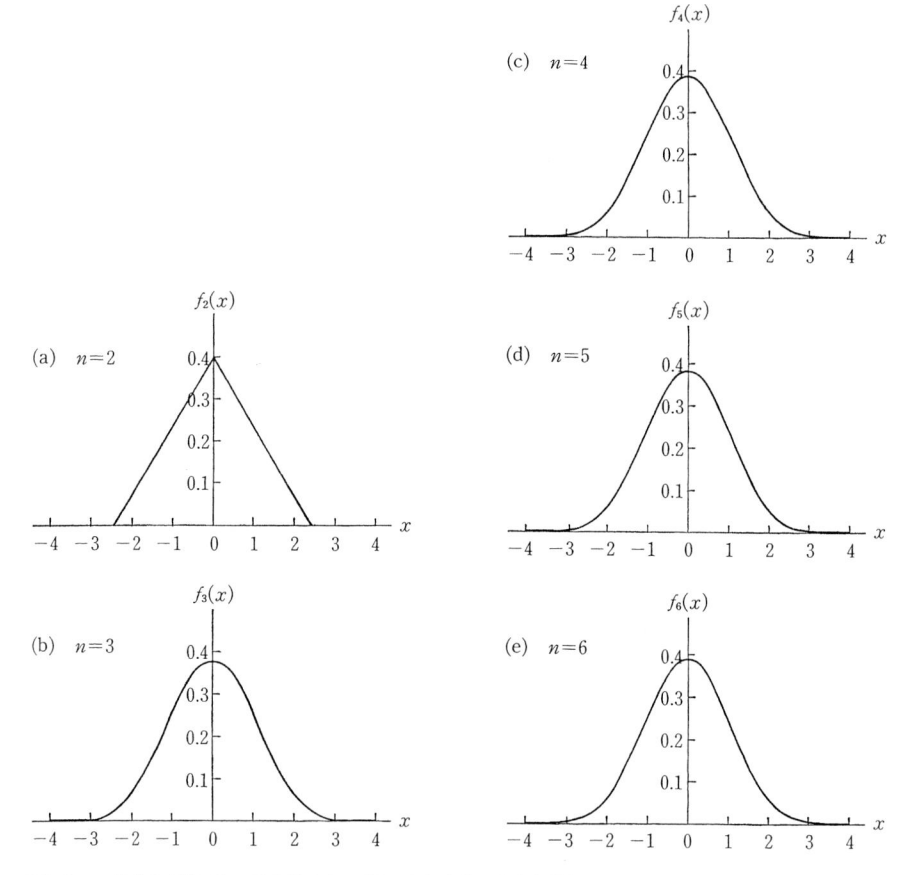

図4.2 一様分布 U(0,1) に従う独立な n 個の確率変数の和を規格化したものの分布の確率密度関数 $f_n(x)$

であるから，近似式を使えば
$$P(S_{50}\leq 15)\fallingdotseq P(S_{50}{}^*\leq (15-10)/\sqrt{8})$$
$$\fallingdotseq \Phi(1.768)$$
$$\fallingdotseq 0.9614$$
となる．(不連続補正をすると，$\Phi((15.5-10)/\sqrt{8})\fallingdotseq 0.9741$ となる．なお，正確な値は，ほぼ 0.9692 である．) □

【例 4.9】 $X_1, X_2, \cdots, X_{20}$ の分布が指数分布 Ex(0.5) であるとき，$P(30\leq S_{20}\leq 50)$ を求める．
$$E(S_{20})=20/0.5=40, \quad \mathrm{Var}(S_{20})=20/(0.5)^2=80$$
$$P(30\leq S_{20}\leq 50)=P\left(\frac{30-40}{\sqrt{80}}\leq S^*\leq \frac{50-40}{\sqrt{80}}\right)$$
$$\fallingdotseq \Phi(1.118)-\Phi(-1.118)$$
$$\fallingdotseq 0.7364$$
□

【中心極限定理の証明】[†] 特性関数を使ってつぎのように行われる．

$S_n{}^*=\sum_{j=1}^{n}(X_j-\mu)/(\sqrt{n}\sigma)$ の特性関数を $\varphi_n(t)$，$(X_j-\mu)/(\sqrt{n}\sigma)$ の特性関数を $\varphi(t)$ とすると，特性関数に関する［定理 4.6］によって
$$\varphi_n(t)=[\varphi(t)]^n$$
が成り立つ．

一方，式 (4.28) により
$$\varphi(t)=1-\frac{t^2}{2n}+\mathrm{o}\left(\frac{t^2}{n}\right)$$
である．したがって
$$\lim_{n\to\infty}\varphi_n(t)=\lim_{n\to\infty}\left[1-\frac{t^2}{2n}+\mathrm{o}\left(\frac{t^2}{n}\right)\right]^n=\mathrm{e}^{-t^2/2}$$
が得られる．

$\mathrm{e}^{-t^2/2}$ は標準正規分布の特性関数であるから，連続定理により，$S_n{}^*$ の分布は標準正規分布に収束することが示された． ∎

[†] 中心極限定理については，さまざまな一般化が行われている．興味をもつ読者は，たとえば，清水良一『中心極限定理』(シリーズ・新しい応用の数学 14，教育出版，1976) を参照するとよい．

―― 練 習 問 題

4.1 (1) 幾何分布 $\mathrm{Ge}(p)$ の確率母関数を求めよ．

(2) それを用いて，この分布の平均と分散がそれぞれ q/p, q/p^2 であることを示せ $(q=1-p)$．

(3) 互いに独立に $\mathrm{Ge}(p)$ に従う r 個の確率変数の和の分布が負の2項分布 $\mathrm{NB}(r;p)$ であることを用いて，$\mathrm{NB}(r;p)$ の確率母関数を求めよ．

(4) 負の2項分布は再生性を有することを示せ．

(5) $rq=\lambda$ (定数) という条件を保ちながら q を 0 に近づけると，$\mathrm{NB}(r;p)$ の確率母関数はポアソン分布 $\mathrm{Po}(\lambda)$ の確率母関数に近づくことを示せ．

4.2 中心極限定理を利用して，つぎの確率の近似値を求めよ．

(1) X がポアソン分布 $\mathrm{Po}(10)$ をするとき，$P(X \leq 12)$．

(2) X が負の2項分布 $\mathrm{NB}(20;0.2)$ をするとき，$P(X \geq 100)$．

(3) X がガンマ分布 $G(1,40)$ をするとき，$P(X \geq 50)$．

また，これらの確率の近似計算に中心極限定理を用いてもよい理由を述べよ．

4.3 一般に，実数の数列 $\{a_k; k=0,1,2,\cdots\}$ に対して，実変数 z の級数
$$A(z)=a_0+a_1z+a_2z^2+\cdots$$
が，適当な範囲 $-z_0<z<z_0$ で収束するとき，$A(z)$ のことをこの数列の**母関数**という．確率母関数は，$a_k \geq 0$, $\sum_{k=0}^{\infty} a_k=1$ を満たす数列の母関数である．

(1) 確率分布 $\{f(k); k=0,1,2,\cdots\}$ に従う確率変数 X の確率母関数を $G(z)$ とする．
$$q_k=P(X>k)$$
とするとき，数列 $\{q_k; k=0,1,2,\cdots\}$ の母関数 $Q(z)$ は
$$Q(z)=\frac{1-G(z)}{1-z} \tag{4.44}$$
となることを示せ．

(2) $E(X)=Q(1)$, $\mathrm{Var}(X)=2Q'(1)+Q(1)-Q^2(1)$ (4.45)

が成り立つことを示せ．ここに，$Q(1)$, $Q'(1)$ は，それぞれ z が 1 より小さい方から 1 に近づくときの $Q(z)$, $Q'(z)$ の極限値を表す．

4.4 さいころを k 回ふったときに，1 が偶数回出る確率を a_k と書くことにする．

(1) つぎの漸化式が成立することを示せ．
$$a_k=\frac{1}{6}(1-a_{k-1})+\frac{5}{6}a_{k-1}, \quad a_0=1 \tag{4.46}$$

(2) 数列 $\{a_k; k=0,1,2,\cdots\}$ の母関数 $A(z)$ を求めよ．

(3) a_k を求めよ．

4.5 A社では，販売しているスナック菓子の各箱の中に，N 種類のクーポン券のうちのいずれか1枚をランダムに選んで入れている．そして r 枚 ($r<N$) の相異なる

クーポン券を集めて送ると賞品と引き換えるという．ある子どもが，このスナック菓子を1箱ずつ買うものとして，n 箱買ったときに初めて r 種類のクーポン券がそろう確率を $p(n;r)$ と書くことにしよう．$n<r$ なら $p(n;r)=0$ であることは明らかである．

(1) $n \geq r$ のとき，つぎの関係式が成り立つことを確かめよ．

$$p(n;r) = p(n-1;r-1)\left(1-\frac{r-1}{N}\right) + p(n-2;r-1)\frac{r-1}{N}\left(1-\frac{r-1}{N}\right)$$
$$+ p(n-3;r-1)\left(\frac{r-1}{N}\right)^2\left(1-\frac{r-1}{N}\right)$$
$$+ p(n-4;r-1)\left(\frac{r-1}{N}\right)^3\left(1-\frac{r-1}{N}\right)$$
$$+ \cdots + p(r-1;r-1)\left(\frac{r-1}{N}\right)^{n-r}\left(1-\frac{r-1}{N}\right) \tag{4.47}$$

(2) 上の結果を基にして，つぎの関係式が成り立つことを示せ．

$$p(n+1;r) = \frac{r-1}{N}p(n;r) + \left(1-\frac{r-1}{N}\right)p(n;r-1) \tag{4.48}$$

(3) 確率分布 $\{p(n;r); n=0,1,2,\cdots\}$ の母関数を

$$P(z;r) = \sum_{n=0}^{\infty} p(n;r)z^n$$

とするとき，$P(z;r)$ と $P(z;r-1)$ の間には

$$\{N-(r-1)z\}P(z;r) = (N-r+1)zP(z;r-1) \tag{4.49}$$

という関係があることを示せ．

(4) $P(z;r)$ はつぎのように書けることを示せ．

$$P(z;r) = z\prod_{j=1}^{r-1}\frac{(N-j)z}{N-jz} \tag{4.50}$$

(5) この確率分布 $\{p(n;r); n=0,1,2,\cdots\}$ は，'互いに独立に（同一ではない）幾何分布に従う $(r-1)$ 個の確率変数の和' $+r$ の分布に等しいことを示せ．

4.6 前問のように任意の r 種類のクーポン券がそろえばよいのではなくて，あらかじめ会社が指定している r 種類のクーポン券が集まったときに初めて賞品がもらえる場合について，前問と同様のことを考えよ．

4.7 N は非負の整数値をとる確率変数で，その分布の確率母関数は $G_N(z)$ である．$X_1, X_2, \cdots$ は互いに独立で，N とも独立に同一の分布に従い，そのモーメント母関数は $M_X(\theta)$ である．このとき，'不定個数の X の和' $S_N = X_1 + X_2 + \cdots + X_N$ $(S_0 = 0)$ の分布のモーメント母関数 $M_S(\theta)$ は $G_N(M_X(\theta))$ に等しいことを示せ．

また，これを用いて，3章の [練習問題 3.8] の結果を導け．

4.8 密度関数が

$$f(x) = \frac{a}{\pi[(x-\mu)^2 + a^2]} \qquad (-\infty < x < \infty)$$

で与えられるコーシー分布 $C(\mu, a)$ の特性関数は $\varphi(t) = \exp[i\mu t - a|t|]$ である（表 3.1）．このことを使って，$X_1, X_2, \cdots, X_n$ が互いに独立に同一のコーシー分布に従って分布するならば，$\overline{X} = (X_1 + \cdots + X_n)/n$ もこれらと同一のコーシー分布に従って分布することを示せ．

4.9 $X_1, X_2, \cdots, X_n$ は互いに独立に標準正規分布 $N(0,1)$ に従って分布しているものとする．これに下記の直交変換を施して得られる確率変数 $Y_1, Y_2, \cdots, Y_n$ はやはり互いに独立に $N(0,1)$ に従って分布することを示せ．［ヒント：特性関数を使うとよい．］

$$Y_k = a_{k1}X_1 + a_{k2}X_2 + \cdots + a_{kn}X_n \qquad (1 \leq k \leq n)$$

$$\sum_{j=1}^n a_{kj}a_{lj} = \begin{cases} 0 & (k \neq l) \\ 1 & (k = l) \end{cases}$$

5 ポアソン過程

5.1 確率過程の基本概念

 この章以降では，確率過程に関するいくつかの事項をとり上げる．確率過程というのは，簡単にいえば，たとえば一定の場所における気温のように，時間の経過とともに変動していく量のことである．このような量の変動に関して，分布とか期待値などのような確率的な議論を行うのが確率過程論である．まず，簡単な例を挙げよう．

【例 5.1】 **ベルヌーイ試行過程**　1個のさいころを5回振り，毎回出た目の数が偶数か奇数かをコード化して0(偶数)または1(奇数)で記録するという実験を行ってみよう．このような実験は**ベルヌーイ試行**といわれている．

 図 5.1(a), (b) は，A君とB君が行った実験の結果を示したものである．横軸はさいころを振った順番，縦軸は結果を表している．なお，出た目の数自身は，グラフの上部に付記してある．各自がこれと同じ実験を行ってみると，A君あるいはB君と同じ結果を得ることもあるし，違った結果を得ることもあるであろう．

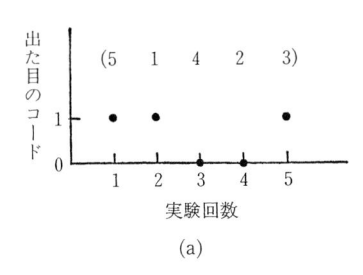

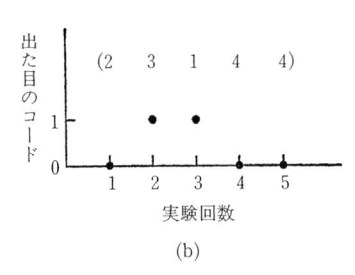

図 5.1 さいころふりの実験結果の例
括弧内の数字は出た目の数．

このように，実験あるいは観測によってデータを集めると，たいていの場合，確率的な変動を伴う．あるいは，このようなデータを生み出すもとになっているプロセスが確率的に変動しているといってもよい．そこで，このようなプロセスのことを**確率過程**といい，このプロセスから得られたデータを得られた順番に並べたものを確率過程の**標本関数**(sample function; **見本関数**ともいう)という．図5.1は標本関数の例である．

ベルヌーイ試行について，以上のことをもう少し形式を整えて述べてみよう．

さいころを5回振ったときに出る目のパターンは，A君の場合の $(5,1,4,2,3)$, B君の場合の $(2,3,1,4,4)$ を含めて全体で 6^5 通りあり，これらを全部集めたものがこの実験の**標本空間** Ω である．すなわち $\omega=(\omega_1, \omega_2, \omega_3, \omega_4, \omega_5)$ とすると

$$\Omega=\{\omega: \text{各 } n\,(1\leq n\leq 5) \text{ について } \omega_n=1,2,3,4,5, \text{ または } 6\}$$

である．そして 6^5 通りのパターンのどれが出現する確率もすべて等しい．

各 $\omega\in\Omega$ と各 $n\,(1\leq n\leq 5)$ について

$$X_n(\omega)=\begin{cases}0 & (\omega_n=\text{偶数のとき})\\ 1 & (\omega_n=\text{奇数のとき})\end{cases}$$

と定義する．そうすると，$X_n(\omega)$ は n 回目にさいころを振ったときの結果を表す確率変数である．5個の確率変数 $X_1(\omega), X_2(\omega), \cdots, X_5(\omega)$ は同一の確率空間上で定義されていることに注意しよう．これらの5個の確率変数を順番に並べたもの $\{X_n(\omega);\ n=1,2,3,4,5\}$ をベルヌーイ試行過程という．これは確率過程の一例である．Ω の中から ω を1つ選ぶと，図5.1のようなグラフが描ける．すなわち，標本関数が1つ定まることになる． □

【例5.2】ポアソン過程　　計算センターの混雑を運用方法の変更によって緩和できないかどうか調べるために，計算機のプログラムを作って実験してみることにした．このような実験はシミュレーション(模擬実験)とよばれている．

まず，ジョブ(計算依頼)がどのようなパターンでやってくるのかを知るために，数日間の記録をとって調べたところ，ほぼ1分に2件の割合であり，到着の間隔は指数分布をしているものとみなせることがわかった．そこで，シミュレーションを行うためには，平均が0.5分の指数分布に従う乱数を計算機内で作りだす必要があるが，それはたいていの計算機に備えられている一様乱数(一様分布に従うランダムな数)を作りだす機能を使えば簡単にできる．ω

$=(\omega_1, \omega_2, \omega_3, \cdots)$ をこの機能によって作りだされる一様乱数の列とする．すなわち，各 $n \geq 1$ について $0 < \omega_n < 1$ で，各 ω_n は他とは独立であるとみなせるものとする．このとき

$$D_n = -0.5 \log \omega_n$$

(log は自然対数)

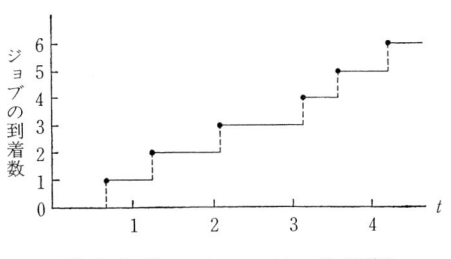

図 5.2 計算センターへのジョブの到着数

とすると，$D_1, D_2, \cdots$ は平均が 0.5 の指数分布をし，互いに独立な乱数の系列となる[*]．図 5.2 はこのようにして作りだされた 1 つの乱数列をもとにして，ジョブの到着の模様を描いたものである．横軸の t は経過時間（単位は分），縦軸は時間 $(0, t]$ 内に到着したジョブの総数を表している．別の乱数列を使えば，これとは違ったグラフが得られる．

この実験の標本空間は

$$\Omega = \{\omega: \omega = (\omega_1, \omega_2, \omega_3, \cdots), \text{ 各 } n \geq 1 \text{ について } 0 < \omega_n < 1\}$$

である．各 $\omega \in \Omega$ に対して，時刻 t までのジョブの到着数の累計を $X_t(\omega)$ で表すことにする．すなわち

$$-0.5 \sum_{n=1}^{i} \log \omega_n \leq t < -0.5 \sum_{n=1}^{i+1} \log \omega_n \quad \text{のとき} \quad X_t(\omega) = i$$

とする．$X_t(\omega)$ をすべての $t \geq 0$ について集めた集合 $\{X_t(\omega); t \geq 0\}$ は 1 つの確率過程である．t を 1 つ固定して考えると，$X_t(\omega)$ は Ω 上で定義された確率変数となる．一方，ω を 1 つ固定すると，$X_t(\omega)$ は図 5.2 に示したような t の関数，すなわち標本関数となる． □

以上の 2 つの例で示したとおり，ふつうわれわれは確率過程を標本関数という形で見ているのであるが，数学的な理論を展開する際には，それは確率変数の集合と考えられている．確率過程は通常 $\{X_t(\omega); t \in T\}$ という形に書かれる．t は多くの場合，時刻あるいは順番を表す変数であり，T は t の変域で，**添字集合** (index set) とよばれている．[例 5.1] では $T = \{1, 2, 3, 4, 5\}$，[例 5.2] では T は非負の実数全体である．[例 5.1] は**離散時間の過程**，[例 5.2] は**連続時間の過程**である．

---

[*] τ を正の定数とすると $P\{D_n \leq \tau\} = P\{-0.5 \log \omega_n \leq \tau\} = P\{\omega_n \geq e^{-2\tau}\} = 1 - e^{-2\tau}$ だから，D_n は平均 0.5 の指数分布をする．互いに独立なことは明らかであろう．

$X_t(\omega)$ は時刻 t における確率過程の**状態**を表していると考えられるので,$X_t(\omega)$(すべての $t \in T$)がとりうる値の集合 S のことを,この確率過程の**状態空間**という.[例 5.1]では $S=\{0,1\}$ であり,[例 5.2]では S は非負の整数全体である.これらは**離散的な状態空間**の例であるが,1日の気温の変化を自動的に記録したものなどのように,**連続的な状態空間**をもつ確率過程もたくさんある.

上に述べたとおり,確率過程の表し方は $\{X_t(\omega);\ t \in T\}$ とするのが正式であるが,応用を主目的としている書物では,ω(および Ω)を明示しないで,単に $\{X_t;\ t \in T\}$ あるいは $\{X(t);\ t \in T\}$ などと書くことが多い.本書でも以後は原則としてこのように書くことにする.t の変域 T が明らかで混乱のおそれがない場合には,$\{X(t)\}$ あるいは単に $X(t)$ などと書くこともある.

$t_0, t_1\,(t_0 < t_1)$ はともに T に含まれている定数であるとする.このとき,$X(t_1) - X(t_0)$ を確率過程 $\{X(t);\ t \in T\}$ の $t = t_0$ から $t = t_1$ までの間の**増分**という.T に含まれる任意の添字の組 $t_0 < t_1 < \cdots < t_n$(n も任意)に対して,n 個の増分 $X(t_1) - X(t_0), X(t_2) - X(t_1), \cdots, X(t_n) - X(t_{n-1})$ が互いに独立なとき,この確率過程は**独立増分過程**であるという.これに加えて,任意の $s > 0$ に対して2つの増分 $X(t_1 + s) - X(t_0 + s)$ と $X(t_1) - X(t_0)$ が同一の分布をするとき,この確率過程は**定常独立増分過程**であるという.さきの2つの例はともに定常独立増分過程である.

5.2 ポアソン過程の諸性質

確率過程の中で,理論的取扱いが比較的簡単で,しかも実際問題によく使われるものの1つに**計数過程**(counting process)がある.これは,[例 5.2]におけるジョブの到着のように,注目している特定の現象が起きた回数の経時変化を記録するものである.したがって,それは一般に非負の整数全体を状態空間とする連続時間の過程である.この過程の標本関数は,図 5.2 に示したようなもので,単調非減少で右連続な階段関数である.

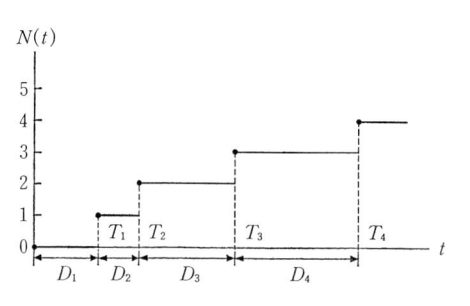

図 5.3 ポアソン過程の標本関数の例

計数過程についての話をする

5.2 ポアソン過程の諸性質

ために，記号を定義しよう (図 5.3 参照)．観測を開始した時点を $t=0$ とし，注目した現象がつぎつぎに起きた時刻を $T_1, T_2, T_3, \cdots$，現象の生起間隔を $D_1(=T_1), D_2(=T_2-T_1), D_3(=T_3-T_2), \cdots$ とする．そして，時刻 0 から時刻 t までの間 $(0, t]$ に現象の起きた回数を $N(t)$ で表すことにする．なお，便宜上 $N(0)=0$ と定義する．

計数過程の中で，理論的な取扱いが比較的容易で，実際的な問題にもよく応用されるものにポアソン過程がある．これは，すでに [例 5.2] で示したものであり，つぎのように定義される．

> 【定義】現象の生起間隔 $D_1, D_2, \cdots$ が互いに独立で，同一の指数分布をするならば，計数過程 $\{N(t);\ t \geq 0\}$ は**ポアソン過程**であるという．

上記の生起間隔の分布を $\mathrm{Ex}(\lambda)$ としよう．この過程がポアソン過程とよばれる理由は，つぎの定理により明らかであろう．

> 【定理 5.1】任意に固定した t について，$N(t)$ はポアソン分布をする:
> $$P\{N(t)=n\} = e^{-\lambda t} \frac{(\lambda t)^n}{n!} \quad (n=0, 1, 2, \cdots) \tag{5.1}$$

【証明】まず，$n=0$ の場合について考える．$N(t)=0$ ということは $D_1 > t$ と同等であるから

$$P\{N(t)=0\} = P\{D_1 > t\} = e^{-\lambda t}$$

となる．

つぎに，$n \geq 1$ の場合について考えよう．$\{N(t)=n\}$ という事象は $\{T_n \leq t, T_{n+1} > t\} = \{T_n \leq t, D_{n+1} > t - T_n\}$ という事象と同等である．ところで，$T_n = D_1 + D_2 + \cdots + D_n$ は，互いに独立に指数分布 $\mathrm{Ex}(\lambda)$ をする確率変数の和であるから，2 章で学んだとおり，その分布はガンマ分布 $\mathrm{G}(\lambda, n)$ であり，その密度関数は

$$f_n(\tau) = \lambda e^{-\lambda \tau} \frac{(\lambda \tau)^{n-1}}{(n-1)!} \quad (\tau \geq 0) \tag{5.2}$$

である．したがって，全確率の公式によって

$$\begin{aligned} P\{N(t)=n\} &= \int_0^t P\{T_n \leq t, D_{n+1} > t - T_n | T_n = \tau\} f_n(\tau) d\tau \\ &= \int_0^t P\{D_{n+1} > t - \tau\} f_n(\tau) d\tau \\ &= \int_0^t e^{-\lambda(t-\tau)} \cdot \lambda e^{-\lambda \tau} \frac{(\lambda \tau)^{n-1}}{(n-1)!} d\tau \\ &= e^{-\lambda t} \frac{(\lambda t)^n}{n!} \end{aligned}$$

となり，式 (5.1) が得られる． ∎

ポアソン分布 (5.1) の平均値は λt であるから，λ は $(0, t]$ の間における単位時間あたりの現象の**生起率**ということになる．それでは，任意の時間間隔 $(t, t+s]$ における生起率，あるいはもっと一般に，この間の増分 $N(t+s) - N(t)$ はどのようになるであろうか．このことを考えてみよう．

まず，t が現象の起こった時刻に一致している場合には話が簡単である．すなわち，時刻 t から始まるポアソン過程を時間 s の間観測することと同じであるから，$N(t+s) - N(t)$ は平均 λs のポアソン分布をすることになる．また，$N(t+s) - N(t)$ と $N(t)$ は独立である．

つぎに，t が現象の起こった時刻に一致していない場合を考えよう．この場合には，**指数分布のマルコフ性**とよばれるつぎの性質が重要な役割を演ずる．

【定理 5.2】 D が指数分布をする確率変数ならば，任意の実数 $x, y(\geq 0)$ について

$$P\{D > x+y | D > x\} = P\{D > y\} \tag{5.3}$$

が成り立つ．

【証明】 条件つき確率に関する公式 (p.9 の式 (1.19)) を使って

$$P\{D > x+y | D > x\} = P\{D > x+y, D > x\}/P\{D > x\}$$
$$= P\{D > x+y\}/P\{D > x\}$$
$$= e^{-\lambda(x+y)}/e^{-\lambda x} = e^{-\lambda y}$$

となる． ∎

この性質は，現象の生起間隔が指数分布をする過程においては，最新の現象が起こってから現在までにどれだけの時間が経過したかということが，つぎの現象が起こるまでにどれだけの時間がかかるかにまったく影響を及ぼさないことを意味している．このことから，つぎの定理が成り立つことがわかる．

【定理 5.3】 ポアソン過程 $\{N(t); t \geq 0\}$ は独立増分過程であり，任意の実数 $s, t(\geq 0)$ について，増分 $N(t+s) - N(t)$ は平均 λs のポアソン分布をする：

$$P\{N(t+s) - N(t) = n\} = e^{-\lambda s}\frac{(\lambda s)^n}{n!} \quad (n=0, 1, 2, \cdots) \tag{5.4}$$

また，この定理の逆も成り立つことが知られている．

5.2 ポアソン過程の諸性質

【定理5.4】計数過程 $\{N(t); t \geq 0\}$ が，独立増分過程で，任意の実数 s, t (≥ 0) について，増分 $N(t+s)-N(t)$ が平均 λs のポアソン分布 (5.4) をするならば，それは生起率が λ のポアソン過程である．

これは，つぎのように考えれば，納得できるであろう．式 (5.4) で $n=0$ とおくと

$$P\{N(t+s)-N(t)=0\}=e^{-\lambda s}$$

となる．これは，任意の時刻 t から観測を始めたとして，つぎに注目している現象が起こるまでの時間が指数分布 ($Ex(\lambda)$) をすることを示している．このことと，増分が独立であることとから，現象の生起間隔 $D_1, D_2, \cdots$ が互いに独立で同一の指数分布に従うことがわかる．

また，式 (5.4) から，微小時間内における現象の生起確率に関して，つぎの性質があることは容易にわかる．

$$P\{N(t+h)-N(t)=1\}=\lambda h + o(h) \tag{5.5}$$
$$P\{N(t+h)-N(t)\geq 2\}=o(h) \tag{5.6}$$

意外な感じがするかもしれないが，実は，逆に式 (5.5), (5.6) と増分の独立性だけから，式 (5.4) が導かれるのである．すなわち

【定理5.5】計数過程 $\{N(t); t \geq 0\}$ が独立増分過程で，任意の実数 t (≥ 0) に対して式 (5.5) および (5.6) が成り立てば，それはポアソン過程である*．

【例題5.1】ここに，甲，乙2係統のバスが運行されているバス停がある．両系統のバスの到着は互いに独立で，それぞれ 10 分に 1 本 (甲)，15 分に 1 本 (乙) の割合のポアソン過程になっているものとする．バスは必ずすいているものとして，つぎの問に答えよ．
(1) どちらの系統のバスでも利用できる人が，このバス停で待たされる時間の分布と平均値を求めよ．
(2) 乙系統のバスしか利用できない人がこのバス停で自分のバスを待っている間に，甲系統のバスがちょうど 2 台通り過ぎる確率はいくらか．
(3) (2) と同じ設定で，通り過ぎる甲系統のバスの台数の分布はどのようになるか． □

【解】(1) 甲，乙両系統のバスの到着を表すポアソン過程 $N_1(t), N_2(t)$ の生起率は，それ

---
* この証明については，章末の [練習問題5.5] およびその略解をみよ．

それ $\lambda_1=1/10$, $\lambda_2=1/15$（単位はいずれも [1/分]）である．両系統を合わせたバスの到着の過程 $N(t)$ は，生起率 $\lambda=\lambda_1+\lambda_2$ のポアソン過程になることをまず示そう．ここでは，[定理 5.4] の条件が満たされることを確かめよう．まず，$N(t)=N_1(t)+N_2(t)$ が独立増分過程であることは明らかである．また，増分 $N(t+s)-N(t)$ は，互いに独立にポアソン分布をする確率変数 $N_1(t+s)-N_1(t)$ および $N_2(t+s)-N_2(t)$ の和であるから，ポアソン分布の再生性により，平均が λs のポアソン分布をすることが導かれる．したがって，$N(t)$ は生起率 $\lambda=1/10+1/15=1/6$ のポアソン過程であり，バスの到着間隔は平均が6分の指数分布をし，指数分布のマルコフ性により，この人の待ち時間もやはり平均が6分の指数分布をすることになる．

(2) この人がバス停に到着してから乙系統のバスが来るまでの時間を s とする．この間に甲系統のバスがちょうど2台通過する確率は

$$e^{-\lambda_1 s}\frac{(\lambda_1 s)^2}{2!}$$

である．s はパラメーターが λ_2 の指数分布をするから，求める確率 P_2 は

$$P_2=\int_0^\infty e^{-\lambda_1 s}\frac{(\lambda_1 s)^2}{2!}\lambda_2 e^{-\lambda_2 s}ds$$

$$=\frac{\lambda_1^2 \lambda_2}{(\lambda_1+\lambda_2)^3}\int_0^\infty e^{-(\lambda_1+\lambda_2)s}\frac{\{(\lambda_1+\lambda_2)s\}^2}{2!}(\lambda_1+\lambda_2)ds$$

となる．右辺の被積分関数はガンマ分布 $G(\lambda_1+\lambda_2,3)$ の密度関数である（式 (5.2) をみよ）ので，その積分の値は1に等しく，よって

$$P_2=\frac{\lambda_1^2 \lambda_2}{(\lambda_1+\lambda_2)^3}=\left(\frac{1}{10}\right)^2\left(\frac{1}{15}\right)\bigg/\left(\frac{1}{6}\right)^3=\frac{18}{125}$$

(3) 一般に n 台通過する確率を P_n とすると，(2) と同様にして

$$P_n=\frac{\lambda_1^n \lambda_2}{(\lambda_1+\lambda_2)^{n+1}}=\left(\frac{\lambda_2}{\lambda_1+\lambda_2}\right)\left(\frac{\lambda_1}{\lambda_1+\lambda_2}\right)^n \qquad (n=0,1,2,\cdots)$$

となる．これは幾何分布で，平均値は

$$\sum_{n=0}^\infty nP_n=\lambda_1/\lambda_2=1.5\;[台]$$

である． ∎

【例 5.2】 東名高速道路の某インタチェンジに深夜乗り入れて来る車の台数 $N(t)$ が，平均して1分に3台の割合のポアソン過程になっているものと仮定する．このうち 60% が東京方面に，40% が名古屋方面に向かう．各車がどちらに向かうかは他の車と独立であり，インタチェンジを通過するのに要する時間は無視できるものとする．このとき，両方面に向かう車の台数 $N_1(t)$（東京方面），$N_2(t)$（名古屋方面）はいずれもポアソン過程になり，しかも両過程は互いに独立であることを示せ． □

【解】[定理 5.4] を使うことにする．$N_1(t), N_2(t)$ がともに定常独立増分過程であることは明らかである．つぎに，$N_1(t)$ と $N_2(t)$ が互いに独立であることを示そう．任意の車が東京方面に向かう確率を $p(=0.6)$，名古屋方面に向かう確率を $q(=0.4)$ で表そう．まず

$$P\{N_1(t)=n_1, N_2(t)=n_2\} = P\{N(t)=n_1+n_2, N_1(t)=n_1\}$$
$$= P\{N(t)=n_1+n_2\} \cdot P\{N_1(t)=n_1 | N(t)=n_1+n_2\} \quad (5.7)$$

が成り立つ．式 (5.7) の最後の確率 $P\{N_1(t)=n_1 | N(t)=n_1+n_2\}$ は 2 項分布の確率であるから

$$\frac{(n_1+n_2)!}{n_1! n_2!} p^{n_1} q^{n_2}$$

に等しい．したがって，t の単位を分にとることにすると，式 (5.7) の確率は

$$e^{-3t} \frac{(3t)^{n_1+n_2}}{(n_1+n_2)!} \cdot \frac{(n_1+n_2)!}{n_1! n_2!} p^{n_1} q^{n_2} = e^{-3pt} \frac{(3pt)^{n_1}}{n_1!} \cdot e^{-3qt} \frac{(3qt)^{n_2}}{n_2!}$$

と書ける．よって，$N_1(t)$ と $N_2(t)$ は互いに独立で，それぞれ 1 分間に平均 $3p=1.8$ 台，$3q=1.2$ 台の生起率をもつポアソン過程となる． ■

【例 5.3】**ユール過程** 下等な生物の集団が増殖していく過程のモデルを考えよう．各個体は他の個体とは独立にパラメター λ のポアソン過程に従ってつぎつぎに 1 個ずつ'子ども'を生むものとし，死亡することはないものとする．この過程は**ユール過程**とよばれるもので，純出生過程(出生のみで，死亡がない過程)の一例である．

時刻 t におけるこの集団の個体数を $N(t)$ とし

$$p_n(t) = P\{N(t)=n\} \quad (n=0, 1, \cdots) \quad (5.8)$$

とする．$N(t)=n$ であったとして，微小時間 $(t, t+h]$ の間に個体数がどのように増えるかを考えよう．これは，n 個の互いに独立なポアソン過程の重ね合わせと考えられるから，[例題 5.1] で調べた結果から容易に類推できるとおり，パラメターが $n\lambda$ のポアソン過程になる．したがって，この間に 2 個以上の個体が生まれる確率は $o(h)$ である．そこで，時刻 $t+h$ における個体の数に関して

$$p_n(t+h) = P\{N(t)=n, (t, t+h] \text{ で出生なし}\}$$
$$+ P\{N(t)=n-1, (t, t+h] \text{ での出生数}=1\} + o(h)$$
$$= p_n(t)(1-n\lambda h) + p_{n-1}(t)(n-1)\lambda h + o(h)$$

が成り立つ．この式の両辺から $p_n(t)$ を引いて，その結果を h で割り，$h \to 0$ の極限をとると

$$\frac{\mathrm{d}}{\mathrm{d}t}p_n(t) = -n\lambda p_n(t) + (n-1)\lambda p_{n-1}(t) \tag{5.9}$$

となる．これは $p_n(t)$ に関する微分差分方程式である．初期条件は，時刻 $t=0$ における個体の数できまる．$N(0)=n_0$ とすると

$$p_{n_0}(0) = 1; \quad p_n(0) = 0 \quad (n \neq n_0) \tag{5.10}$$

が初期条件となる．また，$n<n_0$ なら任意の $t\,(\geq 0)$ に対して $p_n(t)=0$ となる．

$n=n_0$ とすると，式 (5.9) および (5.10) は

$$\frac{\mathrm{d}}{\mathrm{d}t}p_{n_0}(t) = -n_0\lambda p_{n_0}(t), \quad p_{n_0}(0) = 1$$

となり，この微分方程式の解は

$$p_{n_0}(t) = \mathrm{e}^{-n_0\lambda t} \tag{5.11}$$

である．

$n \geq n_0 + 1$ の場合には，$p_{n-1}(t)$ を既知関数と仮定して，式 (5.9) を初期条件 $p_n(0)=0$ のもとに解くと

$$p_n(t) = \int_0^t \mathrm{e}^{-n\lambda(t-s)}(n-1)\lambda p_{n-1}(s)\mathrm{d}s \tag{5.12}$$

と書き表せる．この漸化式を使い，式 (5.11) を出発点として，$n=n_0+1, n_0+2, \cdots$ について順次 $p_n(t)$ を求めることができる．実際にこれを実行すると

$$p_n(t) = \frac{(n-1)!}{(n-n_0)!(n_0-1)!}(\mathrm{e}^{-\lambda t})^{n_0}(1-\mathrm{e}^{-\lambda t})^{n-n_0} \quad (n \geq n_0) \tag{5.13}$$

が得られる．これは負の 2 項分布で，平均と分散は

$$E[N(t)] = n_0\mathrm{e}^{\lambda t}, \quad \mathrm{Var}[N(t)] = n_0\mathrm{e}^{\lambda t}(\mathrm{e}^{\lambda t}-1) \tag{5.14}$$

である． □

【問】数学的帰納法により，式 (5.13) が (5.12) の解であることを示せ．

5.3 非斉時ポアソン過程

交換台にかかってくる電話の本数を 1 時間ごとに集計してみると，時間帯によって相当の違いがあるのがふつうであろう．すなわち，呼び (call) の生起率 (λ) は時間とともに変化しているであろう．このような現象の解析には，生起率の時間による変化を考慮に入れた非斉時ポアソン過程を使うのがよい．

【定義】計数過程 $\{N(t);\ t \geq 0\}$ が独立増分過程で，かつ正数 h に対してつぎの 2 式が成り立つならば，この過程は**非斉時ポアソン過程**であるという．

5.3 非斉時ポアソン過程

$$P\{N(t+h)-N(t)=1\}=\lambda(t)h+o(h) \quad (0\leq\lambda(t)<\infty) \quad (5.15)$$
$$P\{N(t+h)-N(t)\geq 2\}=o(h) \quad (5.16)$$

非斉時ポアソン過程に関しては，われわれは時間 $(0, t]$ 内の生起数 $N(t)$，あるいはもっと一般的には $(t, t+s]$ 内の生起数 $N(t+s)-N(t)$ の分布に興味がある．これについてはつぎの定理が成り立つ．

【定理 5.6】 $m(t)=\int_0^t \lambda(s)ds$ (5.17)

と定義すると，$N(t)$（あるいは $N(t+s)-N(t)$）は，平均が $m(t)$（あるいは $m(t+s)-m(t)$）のポアソン分布をする．

$m(t)$ は，この過程の**平均値関数**とよばれている．この定理が成り立つことは，直観的にはつぎのように考えれば納得しやすいであろう．$\lambda(t)$ が大きいときには速く，小さいときにはゆっくりと動く仮想的な'時計'を考える．そして，この'時計'を見ながら生起率を勘定するとそれが常に一定であるように'時計'を調整しておく．そうすると，この'時計'を見ながら観測する過程はポアソン過程となるので，一定時間内の現象の生起数はポアソン分布をすることになる．もっと具体的にいえば，ふつうの時計が時刻 t を指しているときに，仮想の'時計'は時刻 $\tau(t)$ を指すものとし

$$\tau(t)=m(t) \quad (5.18)$$

と定義する（図 5.4）．そして，新たに計数過程 $\{M(\tau);\ \tau\geq 0\}$ を次式

$$M(\tau)=N(m^{-1}(\tau))$$

によって定義する．（簡単のために，$\lambda(t)$ は考えている範囲で常に正，したがって，$m^{-1}(\tau)$ は一意的に定まるものとする．）$M(\tau)$ は明らかに独立増分過程となる．そして

$$m^{-1}(\tau)=t, \quad m^{-1}(\tau+h')=t+h$$

とおくことにすれば

$$h'=m(t+h)-m(t)$$
$$=\int_t^{t+h}\lambda(s)ds=\lambda(t)h+o(h)$$

であるから

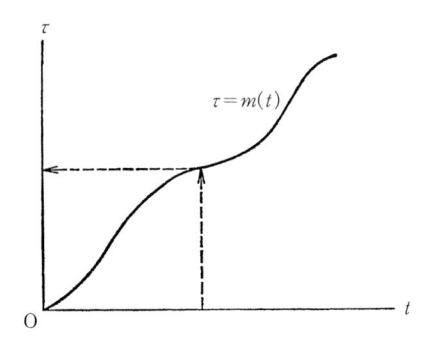

図 5.4 非斉時ポアソン過程を斉時ポアソン過程に変換するための時間変数の変換

$$\lim_{h'\to +0}\frac{P\{M(\tau+h')-M(\tau)=1\}}{h'}=\lim_{h\to +0}\frac{P\{N(t+h)-N(t)=1\}}{\lambda(t)h+\mathrm{o}(h)}=1$$

すなわち

$$P\{M(\tau+h')-M(\tau)=1\}=h'+\mathrm{o}(h')$$

となる．同様にして

$$P\{M(\tau+h')-M(\tau)\geq 2\}=\mathrm{o}(h')$$

であることがいえて，$\{M(\tau);\ \tau\geq 0\}$ は生起率が1のポアソン過程であることが示される．

【例題 5.3】装置の故障率 ある装置の故障回数が非斉時ポアソン過程になっているとみなせるものとする．この装置の購入後の経過月数を t とするとき，故障率 $\lambda(t)$ [回/月] は図 5.5 のようになっている．装置の購入価格は $K=21$ [万円]，修理費は $C=2$ [万円/回] である．金利や経済変動を無視するものとすると，この装置は何ヵ月ごとに更新するのが得策か．　　□

【解】t ヵ月ごとに更新するとすれば，1ヵ月あたりの費用（＝減価償却費＋修理費）の期待値は

$$c(t)=\frac{K+Cm(t)}{t}$$

となる．$\dfrac{\mathrm{d}c(t)}{\mathrm{d}t}=0$ とおくと，$\dfrac{\mathrm{d}m(t)}{\mathrm{d}t}=\lambda(t)$ であるから

$$\lambda(t)t-m(t)=K/C$$

が得られる．この式の左辺を $g(t)$ とおくことにする．図から明らかなとおり，$g(t)$ は $t\leq 42$ では負で，$g(42)=-3/4$．一方，$t>42$ では $\dfrac{\mathrm{d}g}{\mathrm{d}t}=\dfrac{\mathrm{d}\lambda}{\mathrm{d}t}t=t/24>0$ で単調増加．したがって，最適な t は

$$-3/4+\int_{42}^{t}\frac{s}{24}\mathrm{d}s=-3/4+\frac{t^2-42^2}{48}=K/C$$

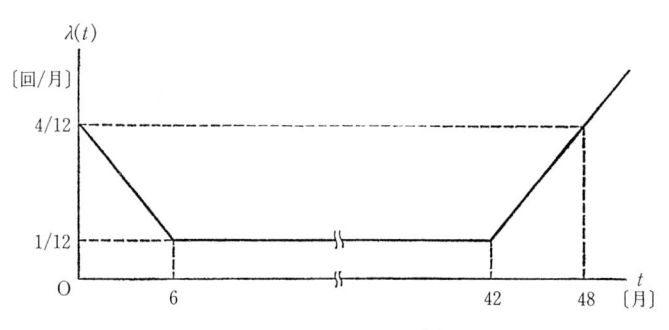

図 5.5　装置の故障率 $\lambda(t)$

を解いて $t=48$ となる.なお,$m(48)=5.5$ であるから,この装置は 48 ヵ月間に平均 5.5 回故障し,修理費は 11 万円,すなわち,更新費の約半分かかるものと覚悟しなければならない.■

5.4 複合ポアソン過程

ポアソン過程 $\{N(t);\ t\geq 0\}$ では,$N(t)$ の値がある時刻で変化するとき,その変化量が 2 以上である確率は 0 であった(式 (5.6)).この節では,この条件をゆるめて,変化量がいろいろな値(整数値とは限らないし,負でもよい)をとりうる場合を考える.したがって,この過程はもはや計数過程ではない.

> 【定義】$\{N(t);\ t\geq 0\}$ はポアソン過程,$\{Y_n;\ n=1, 2, \cdots\}$ は互いに独立で同一分布に従う確率変数の列であって,$\{N(t)\}$ と $\{Y_n\}$ も互いに独立であるとき
> $$X(t)=\sum_{n=1}^{N(t)} Y_n \qquad (5.19)$$
> で定義される確率過程 $\{X(t);\ t\geq 0\}$ のことを**複合ポアソン過程**という.

複合ポアソン過程の標本関数の一例を図 5.6 に示す.

たとえば,会計係への伝票の到着がポアソン過程であって,各伝票の処理に必要な時間が互いに独立で同一の分布に従っているものとみなせるならば,時刻 t までに到着した伝票の処理に必要な延べ時間を $X(t)$ とすると,$\{X(t);\ t\geq 0\}$ は複合ポアソン過程となる.

$X(t)$ の分布は,一般にはもはや簡単な形にはならない.しかし,$X(t)$ の特性関数は,Y_n の特性関数を使って簡単な形に書ける.すなわち

$$\varphi_{X(t)}(u)=E[\mathrm{e}^{\mathrm{i}uX(t)}],$$
$$\varphi_Y(u)=E[\mathrm{e}^{\mathrm{i}uY_n}] \quad (5.20)$$

と定義すると

$$\varphi_{X(t)}(u)=\exp[\lambda t\{\varphi_Y(u)-1\}] \qquad (5.21)$$

である.この証明は,つぎのよ

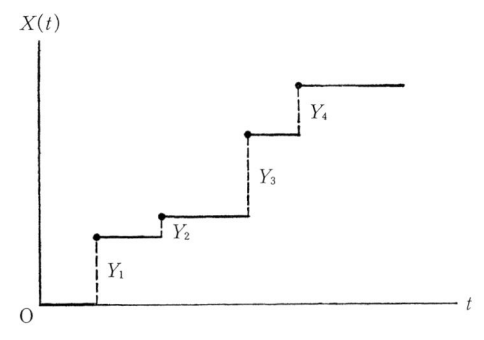

図 5.6 複合ポアソン過程の標本関数の例

うに，$N(t)$ の値を与えて条件つき期待値を計算すればできる．
$$E[e^{iuX(t)}] = \sum_{n=0}^{\infty} E[e^{iuX(t)} | N(t) = n] e^{-\lambda t} \frac{(\lambda t)^n}{n!}$$

ここで
$$\begin{aligned} E[e^{iuX(t)} | N(t) = n] &= E[e^{iu(Y_1 + Y_2 + \cdots + Y_n)}] \\ &= \{E[e^{iuY_1}]\}^n \\ &= \{\varphi_Y(u)\}^n \end{aligned}$$

であるから，結局
$$\begin{aligned} \varphi_{X(t)}(u) &= \sum_{n=0}^{\infty} \{\varphi_Y(u)\}^n e^{-\lambda t} \frac{(\lambda t)^n}{n!} = e^{-\lambda t} \cdot \exp[\lambda t \varphi_Y(u)] \\ &= \exp[\lambda t \{\varphi_Y(u) - 1\}] \end{aligned}$$

となる．

上の関係式を微分して，4.3 節の式 (4.26), (4.27) を使うと
$$E[X(t)] = \varphi'_{X(t)}(0)/i = \lambda t E[Y] \tag{5.22}$$
$$\mathrm{Var}[X(t)] = -\phi''_{X(t)}(0) - \{E[X(t)]\}^2 = \lambda t E[Y^2] \tag{5.23}$$

が得られる．式 (5.22) は直観的にわかりやすい．すなわち
$$E[X(t)] = E[N(t)] E[Y] = \lambda t E[Y] \tag{5.24}$$

と解釈すればよい．式 (5.23) の最後の項は $\lambda t \mathrm{Var}[Y]$ ではないことに注意しよう．一般に，$X = Y_1 + Y_2 + \cdots + Y_n$ (<u>互</u>いに独立で，同一の分布に従う<u>一定個数</u>の確率変数の和) ならば
$$\mathrm{Var}[X] = n \mathrm{Var}[Y] \tag{5.25}$$

であるが，$X' = Y_1 + Y_2 + \cdots + Y_N$ (<u>互</u>いに独立で，同一の分布に従う<u>不定個数</u>の確率変数の和) の場合には
$$\mathrm{Var}[X'] = E[N] \mathrm{Var}[Y] + \mathrm{Var}[N] \{E[Y]\}^2 \tag{5.26}$$

なのである．

【問】N が平均 λt のポアソン分布をするならば，式 (5.26) から
$$\mathrm{Var}[X'] = \lambda t E[Y^2]$$

が得られることを確かめよ．

練習問題

5.1 $\{N(t); t \geq 0\}$ を生起率 λ のポアソン過程とする．つぎのものを計算せよ．
  (1) $P\{N(5) = 4\}$
  (2) $P\{N(5) = 4, N(7.5) = 6, N(12) = 9\}$

(3) $P\{N(12)=9|N(5)=4\}$
(4) $E[N(5)]$
(5) $\mathrm{Var}[N(5)]$
(6) $E[N(10)|N(5)=4]$

5.2 あるバス停への乗客の到着が，平均して1分間に1人の割合のポアソン過程になっているものとする．また，バスの運転間隔は，8分から12分の間の一様分布になっているとする．このとき，あるバスが出てからつぎのバスが来るまでの間にバス停へやってくる乗客数の期待値と分散を求めよ．

5.3 生起率 λ のポアソン過程 $N(t)$ について，共分散 $\mathrm{Cov}(N(t), N(t+s))$ を求めよ（s は正とする）．［ヒント：$\{N(t+s)-N(t)\}N(t)$ の期待値との関係を考えよ．］

5.4 あるガソリン・スタンドへガソリンを入れにくる車の台数は，平均して2分に1台の割合のポアソン過程であるものとする．また，各車が入れるガソリンの量を $Y[l]$ とすると，$Z=(Y-10)/40$ はベータ分布 $\mathrm{Be}(3,2)$ に従って分布しているとする．

1時間の間にやってくる車に入れるガソリンの総量の期待値と分散を求めよ．

5.5 ［定理5.5］を証明せよ．［ヒント：$t=0$ の場合について証明すればよいことは明らかである．［例5.3］にならって，$p_n(s)=P\{N(s)=n\}$ が満たす微分差分方程式を導き，これを解いて $N(s)$ がポアソン分布をすることを示せ．］

5.6 ある駅に，切符を売る窓口が1つある．ここへ切符を買いにくる人の到着は，1分間に平均 λ 人のポアソン過程とする．1人が切符を買うのに要する時間は，平均 $1/\mu$［分］の指数分布をしている．時刻 t に窓口の前に n 人の人が並んでいる確率を $p_n(t)$ と書くことにする．

(1) $n \geq 1$ に対して，つぎの関係式が成り立つことを確かめよ．
$$p_n(t+h) = p_n(t)(1-\lambda h)(1-\mu h) + p_{n+1}(t)\mu h(1-\lambda h)$$
$$+ p_{n-1}(t)\lambda h(1-\mu h) + o(h)$$

(2) $n=0$ の場合には，上の式をどのように修正したものが成り立つか．

(3) $p_n(t)$ $(n=0,1,2,\cdots)$ が満たす微分差分方程式を導け．

(4) 長時間が経過して，すべての n について $\dfrac{dp_n(t)}{dt}=0$ が成り立つとみなせるようになったとき，この系は定常状態に達したという．そのときの $p_n(t)$ を単に p_n と書くことにする．p_n $(n=0,1,2,\cdots)$ の満たすべき差分方程式を求めよ．

(5) 上で求めた差分方程式を解け．p_n $(n=0,1,2,\cdots)$ が確率分布であるためには，すなわち，$\sum_{n=0}^{\infty} p_n = 1$ が成り立つためには，λ と μ の間にはどのような関係がなければならないか．

6

再 生 過 程

 5章で学んだポアソン過程は,現象の生起間隔が互いに独立に同一の指数分布をする場合の計数過程であった.この章では,生起間隔の分布を指数分布に限定しない場合の計数過程を扱う.そのような過程は**再生過程*** (renewal process) とよばれている.再生という代わりに**更新**ということもある.装置が故障するたびに新しいものに取り替えるようなプロセスを考えれば,このような用語を使う理由が納得できるであろう.すなわち,再生あるいは更新が行われると,そこからプロセスは再出発するわけである.

6.1 基本的事項

 特定の現象に注目し,これが起こる時刻を $T_0 \equiv 0 < T_1 < T_2 < \cdots$ で表す.この現象の生起間隔 $D_1 (= T_1 - T_0), D_2 (= T_2 - T_1), \cdots$ は互いに独立で同一の分布に従うものとする.この分布の分布関数を F,平均値を μ,分散を σ^2 とする**.時間 $(0, t]$ の間にこの現象が起こった回数を $N(t)$ で表す:

$$N(t) = \max\{n: T_n \leq t\} \tag{6.1}$$

このとき,確率過程 $\{N(t); t \geq 0\}$ のことを再生過程という.

 まず $N(t)$ の分布が F とどのような関係にあるかを調べてみよう.式 (6.1) から(あるいは直観的に)つぎの同値関係は容易にわかる.

$$N(t) \geq n \Leftrightarrow T_n \leq t \tag{6.2}$$

一方

$$T_n = D_1 + D_2 + \cdots + D_n \tag{6.3}$$

であるから,2.5節で学んだとおり

---

* '生起の回数' ではなくて '生起時刻' の系列のことを再生過程とよぶこともある.
** 本書では,$F(0) = 0, F(\infty) = 1$,すなわち,生起間隔は確率1で正で有限な値をとるものと仮定するが,そうでない場合でも類似の議論ができる.

$$P\{T_n \leq t\} = F^{(n)}(t) \tag{6.4}$$

である．ただし，$F^{(n)}$ は F の n 重のたたみ込みで，$F^{(0)}(t) = 1$ とする．したがって

$$\begin{aligned}P\{N(t)=n\} &= P\{N(t) \geq n\} - P\{N(t) \geq n+1\} \\ &= F^{(n)}(t) - F^{(n+1)}(t)\end{aligned} \tag{6.5}$$

が得られる．

$N(t)$ の期待値を $m(t)$ で表す：

$$m(t) = E[N(t)] \tag{6.6}$$

$m(t)$ は**平均値関数**，あるいは**再生関数** (renewal function) とよばれている．

【定理 6.1】 $m(t) = \sum_{n=1}^{\infty} F^{(n)}(t) \tag{6.7}$

【証明】 $\displaystyle\sum_{n=1}^{\infty} F^{(n)}(t) = \sum_{n=1}^{\infty} P\{T_n \leq t\}$

$\displaystyle\qquad\qquad\qquad = \sum_{n=1}^{\infty} P\{N(t) \geq n\}$

$\displaystyle\qquad\qquad\qquad = E[N(t)]$

ここで，最後の等式は，[定理 3.2] の系による． ∎

【問】 ポアソン過程の場合，$F^{(n)}(t)$ および $m(t)$ はどうなるか．

6.2 再生方程式

平均値関数 $m(t)$ は，原理的には式 (6.7) を使って求められるが，これを実行するのは一般には必ずしも容易ではない．この節では，$m(t)$ に対する別の表現 (積分方程式) を導く．これは特に $t \to \infty$ における $m(t)$ のふるまいを調べるときに便利である．

$m(t) = E[N(t)]$ は，T_1 の値による条件つき期待値を使ってつぎのように書ける：

$$m(t) = \int_0^{\infty} E[N(t)|T_1 = s]\mathrm{d}F(s) \tag{6.8}$$

ところが，$T_1 = s > t$ ならば $N(t) = 0$ である．また，$T_1 = s \leq t$ ならば $E[N(t)|T_1 = s] = 1 + E[N(t-s)]$ であるから，式 (6.8) は結局

$$m(t) = \int_0^t \{1 + m(t-s)\}\mathrm{d}F(s)$$

$$= F(t) + \int_0^t m(t-s) dF(s) \tag{6.9}$$

となる．これは**再生方程式**とよばれているものである．

式 (6.9) を少し一般化した積分方程式

$$g(t) = h(t) + \int_0^t g(t-s) dF(s) \qquad (t \geq 0) \tag{6.10}$$

のことを一般に**再生型の方程式**とよんでいる．h と F が既知関数で，g が式 (6.10) から定めるべき未知関数である．g はラプラス変換を使って求めることができる．すなわち*

$$\tilde{g}(z) = \int_0^\infty e^{-zt} g(t) dt, \quad \tilde{h}(z) = \int_0^\infty e^{-zt} h(t) dt, \quad \tilde{f}(z) = \int_0^\infty e^{-zt} f(t) dt \tag{6.11}$$

と定義すると，式 (6.10) の両辺のラプラス変換をとることによって

$$\tilde{g}(z) = \tilde{h}(z) + \tilde{g}(z) \tilde{f}(z)$$

が得られる．これから

$$\tilde{g}(z) = \frac{\tilde{h}(z)}{1 - \tilde{f}(z)} \tag{6.12}$$

となる．特に，再生方程式 (6.9) の場合は

$$g(t) = m(t), \qquad h(t) = F(t) = \int_0^t f(s) ds$$

であるから，$\tilde{F}(z) = \tilde{f}(z)/z$ であることに留意すれば

$$\tilde{m}(z) = \frac{\tilde{f}(z)/z}{1 - \tilde{f}(z)} \tag{6.13}$$

が得られる．$\tilde{g}(z), \tilde{m}(z)$ を逆変換することによって $g(t), m(t)$ が求められる．

【例 6.1】 $F(t) = 1 - e^{-\lambda t} - \lambda t e^{-\lambda t}$ $(t \geq 0)$ としよう．これはガンマ分布 $G(\lambda, 2)$ の分布関数で，平均値は $\mu = 2/\lambda$ である．$\tilde{f}(z)$ は定義式 (6.11) に従って直接計算してもよいが，この分布が独立に同一の指数分布をする 2 つの確率変数の和の分布であること (2.5 節 [例題 2.1]，p.31) を使えば，簡単に

$$\tilde{f}(z) = \left(\frac{\lambda}{\lambda + z} \right)^2$$

であることが導かれる．したがって，式 (6.13) より

---

* ここでは，簡単のために $F(t)$ は連続分布であるものとし，その密度関数を $f(t)$ とする．したがって，$dF(s) = f(s) ds$ である．離散分布の場合の取り扱いについては，章末の [練習問題 6.8] およびその略解を見よ．

$$\widetilde{m}(z)=\frac{\widetilde{f}(z)/z}{1-\widetilde{f}(z)}=\frac{\lambda^2}{z^2(z+2\lambda)}=\frac{\lambda}{2z^2}-\frac{1}{4}\left(\frac{1}{z}-\frac{1}{z+2\lambda}\right)$$

となり，逆変換すると

$$m(t)=\frac{\lambda}{2}t-\frac{1}{4}(1-e^{-2\lambda t})=\frac{t}{\mu}-\frac{1}{4}+\frac{1}{4}e^{-2\lambda t} \qquad (6.14)$$

が得られる． □

【例 6.2】余命分布 再生過程を時刻 t から観測し始めたとして，つぎの再生が行われるまでの時間 $W(t)=T_{N(t)+1}-t$ のことを，時刻 t における余命という．たとえば，バスの到着が再生過程になっているとすると，余命 $W(t)$ というのは，実は時刻 t にバス停に来た人の待ち時間ということになる．

$W(t)$ の分布関数を求めるために，x を正の定数として

$$Q_x(t)=P\{W(t)>x\} \qquad (6.15)$$

と書くことにしよう．最初の再生時刻 T_1 の値による条件つき確率を考えることによって，$Q_x(t)$ は

$$Q_x(t)=\int_0^\infty P\{W(t)>x|T_1=s\}\mathrm{d}F(s) \qquad (6.16)$$

と書ける．ところが，確率過程は $T_1=s$ から再出発するのであるから

$$P\{W(t)>x|T_1=s\}=\begin{cases} Q_x(t-s) & (s\leq t) \\ 0 & (t<s\leq t+x) \\ 1 & (t+x<s) \end{cases}$$

である．したがって，式 (6.16) は

$$\begin{aligned}Q_x(t)&=\int_0^t Q_x(t-s)\mathrm{d}F(s)+\int_{t+x}^\infty \mathrm{d}F(s)\\ &=1-F(t+x)+\int_0^t Q_x(t-s)\mathrm{d}F(s)\end{aligned} \qquad (6.17)$$

となる．これが $Q_x(t)=P\{W(t)>x\}$ を定める再生型の方程式である．たとえば $F(t)=1-e^{-\lambda t}$（ポアソン過程）の場合には，式 (6.17) は

$$Q_x(t)=e^{-\lambda x}\cdot e^{-\lambda t}+\int_0^t Q_x(t-s)\mathrm{d}F(s)$$

となり，両辺のラプラス変換をとると

$$\widetilde{Q}_x(z)=e^{-\lambda x}\frac{1}{z+\lambda}+\widetilde{Q}_x(z)\frac{\lambda}{z+\lambda}$$

が得られる．これを解くと

$$\widetilde{Q}_x(z)=e^{-\lambda x}\cdot\frac{1}{z}$$

となる．したがって，逆変換をすることによって
$$Q_x(t) = e^{-\lambda x}$$
が得られる．5章ですでに学んだとおり，これはポアソン過程では余命の分布は観測開始の時刻 t によらないことを示している． □

6.3 極限定理

式 (6.7) あるいは (6.9) をもとにして，$t \to \infty$ における $m(t)$ のふるまいを知ることができる．ラプラス変換の理論によって，$t \to \infty$ における $m(t)$ のふるまいは，$\widetilde{m}(z)$ の $z \to 0$ におけるふるまいを調べればわかる．そこで，e^{-zt} を $z=0$ のまわりにテイラー展開すると

$$e^{-zt} = 1 - zt + \frac{(zt)^2}{2} + O(z^3)$$

となるから

$$\widetilde{f}(z) = \int_0^\infty e^{-zt} f(t) dt = 1 - z \int_0^\infty t f(t) dt + \frac{z^2}{2} \int_0^\infty t^2 f(t) dt + \cdots$$
$$= 1 - z\mu + \frac{z^2}{2}(\mu^2 + \sigma^2) + O(z^3)$$

が得られる．これを式 (6.13) に代入して $z=0$ のまわりに展開すると

$$\widetilde{m}(z) = \frac{1}{\mu z^2} + \frac{\sigma^2 - \mu^2}{2\mu^2 z} + O(1)$$

となる．これを逆変換することによって

$$m(t) = \frac{t}{\mu} + \frac{\sigma^2 - \mu^2}{2\mu^2} + o(1) \qquad (t \to \infty) \tag{6.18}$$

が得られる．したがって

$$\lim_{t \to \infty} \frac{m(t)}{t} = \frac{1}{\mu} \tag{6.19}$$

となる．また，$N(t)$ 自身については

$$P\left\{\lim_{t \to \infty} \frac{N(t)}{t} = \frac{1}{\mu}\right\} = 1 \tag{6.20}$$

が成り立つことが知られている．式 (6.19)，(6.20) は再生過程の理論における基礎的で重要な定理である．厳密な証明はややめんどうであるが，直観的にはたいへんに理解しやすい形であろう．

式 (6.18) から，任意の $a > 0$ について

$$\lim_{t\to\infty}\{m(t+a)-m(t)\}=\frac{a}{\mu}$$

が成り立つのではないかという予想が立つ．実は，この式は D が連続分布の場合には正しいのであるが，離散分布の場合には必ずしも成り立たない．このことを詳しく述べたのがつぎの定理である．

【定理6.2】ブラックウェルの定理
(1) D の分布が格子状*でなければ，任意の $a>0$ について
$$\lim_{t\to\infty}\{m(t+a)-m(t)\}=\frac{a}{\mu} \tag{6.21}$$
(2) D の分布が周期 d の格子状ならば
$$\lim_{n\to\infty}P\{t=nd\text{ で再生}\}=\frac{d}{\mu} \tag{6.22}$$

この定理をより一般化したものが，つぎの定理である．

【定理6.3】再生理論の主要定理 (key renewal theorem)
F が格子状の分布でなくて，かつ，関数 $h(t)\geq 0$ が下記のいずれかの条件を満たすならば
$$\lim_{t\to\infty}\int_0^t h(t-s)\mathrm{d}m(s)=\frac{1}{\mu}\int_0^\infty h(s)\mathrm{d}s \tag{6.23}$$
が成り立つ．
(1) $h(t)$ は連続で，t がある値以上なら $h(t)\equiv 0$
(2) $h(t)$ は単調非増加で，$\int_0^\infty h(t)\mathrm{d}t<\infty$

この定理は，実はもっと一般的な条件 ($h(t)$ が直接リーマン可積分という条件) の下で成り立つのであるが，これについてはここでは深入りしない．

【例6.3】再生型の方程式 (6.10) の解 $g(t)$ の $t\to\infty$ における極限値を求めてみよう．

式 (6.10) のラプラス変換によって得られた式 (6.12) と (6.13) から
$$\tilde{g}(z)=\frac{\tilde{h}(z)}{1-\tilde{f}(z)}=\tilde{h}(z)+\tilde{h}(z)\cdot z\tilde{m}(z)$$

---

* 2.2.1項 (p.18) で述べたとおり，D の分布が格子状であるというのは，$\sum_{n=1}^\infty P\{D=nd\}=1$ が成り立つような $d>0$ が存在することである．このような性質をもつ最大の d のことを，この格子状分布の**周期**という．

が得られ，これを逆変換すると

$$g(t) = h(t) + \int_0^t h(t-s) \mathrm{d}m(s) \tag{6.24}$$

となる．したがって，F と h が主要定理の条件を満たすならば

$$\lim_{t \to \infty} g(t) = \lim_{t \to \infty} \int_0^t h(t-s) \mathrm{d}m(s) = \frac{1}{\mu} \int_0^\infty h(s) \mathrm{d}s \tag{6.25}$$

が得られる．この結果を使うと，[例 6.2] の余命分布の $t \to \infty$ における形が求められる．すなわち，寿命分布 F が格子状でなければ，式 (6.17) を参照して

$$\lim_{t \to \infty} P\{W(t) > x\} = \frac{1}{\mu} \int_0^\infty \{1 - F(s+x)\} \mathrm{d}s$$

$$= \frac{1}{\mu} \int_x^\infty \{1 - F(y)\} \mathrm{d}y$$

$$\lim_{t \to \infty} P\{W(t) \leq x\} = \frac{1}{\mu} \int_0^x \{1 - F(y)\} \mathrm{d}y \tag{6.26}$$

となる． □

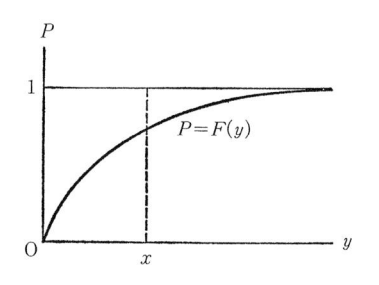

【問】式 (6.26) の右辺は，左図における 2 つの面積の比である．どれとどれの比か．

【例 6.4】**装置の稼働率**　ある装置はときに故障するので，そのつど修理して運転している．修理に要する時間 X の分布は F，修理してからつぎに故障するまでの時間 Y の分布は G で，これらは互いに独立であるとする．この装置の稼働率はどうなるであろうか．

$t = 0$ に運転を開始したとして，時刻 t にこの装置が稼働している確率 $A(t)$ を求めてみよう．この確率過程では，修理が完了した時点が再生点になる．そこで，$T = X + Y$ の分布関数を H とし，T_1 の値による条件つき確率を考えるという定石を使うと

$$A(t) = \int_0^\infty P\{t \text{ で運転中} | T_1 = s\} \mathrm{d}H(s)$$

$$P\{t \text{ で運転中} | T_1 = s\} = \begin{cases} A(t-s) & (s \leq t) \\ P\{Y_1 > t | T_1 = s\} & (s > t) \end{cases}$$

である．しかるに

$$\int_t^\infty P\{Y_1>t\,|\,T_1=s\}\mathrm{d}H(s)=P\{Y_1>t,\,X_1+Y_1>t\}$$
$$=P\{Y_1>t\}=1-G(t)$$

であるから，結局 $A(t)$ が満たす再生型の方程式として

$$A(t)=1-G(t)+\int_0^t A(t-s)\mathrm{d}H(s) \qquad (6.27)$$

が得られる．したがって，$T=X+Y$ の分布が格子状でなければ

$$\lim_{t\to\infty} A(t)=\frac{1}{E[T]}\int_0^\infty \{1-G(t)\}\mathrm{d}t=\frac{E[Y]}{E[X]+E[Y]} \qquad (6.28)$$

となる．信頼性の理論では，$A(t)$ はアベイラビリティ (availability)，$A(\infty)$ は定常アベイラビリティとよばれている． □

【例 6.5】分枝過程 ある生物の寿命の分布関数は F で，一生の終わりに j 個の '子ども' を残す確率は $p_j\,(j=0,1,2,\cdots)$ であるとする．各個体の寿命と残す子どもの数は他の個体のものとは独立であるものとする．時刻 t に生きている個体の数を $N(t)$ とするとき，確率過程 $\{N(t);\,t\geq 0\}$ は**分枝過程** (branching process) とよばれている．個体数の変化の一例を図 6.1 に示す．この図から，'分枝'（枝分れ）という用語の由来が理解できるであろう．

1 個の個体が残す子どもの数の平均値 $a=\sum_{j=0}^\infty jp_j$ が 1 以下ならば，この生物はいつかは死滅してしまうであろう．反対に a が 1 より大きければ，個体数は正の確率で無限に増えていくであろう．ここでは，後者の場合について，$m(t)=E[N(t)]$ のふるまいを調べてみよう．なお，$t=0$ では誕生直後の個体が 1 個だけ生存しているものとし，また，F は格子状の分布ではないとする．

最初の個体の寿命を T_1 とすると

$$m(t)=\int_0^\infty E[N(t)\,|\,T_1=s]\mathrm{d}F(s)$$

が成り立つ．ところが

$$E[N(t)\,|\,T_1=s]=\begin{cases} a\cdot m(t-s) & (s\leq t) \\ 1 & (s>t) \end{cases}$$

である．したがって

$$m(t)=1-F(t)+a\int_0^t m(t-s)\mathrm{d}F(s) \qquad (6.29)$$

が得られる．これは再生型の方程式に似ているが，$a=1$ ではないので，完全に

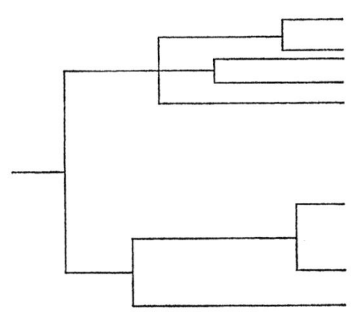

図 6.1 分枝過程

は一致しない．そこで，適当な変換によって再生型の方程式を導くことを試みよう．

われわれは5章でユール過程について学んだが，それは分枝過程の特別な場合であるとみなすことができる．すなわち，寿命分布 F が指数分布で，1個の個体が必ず2個の個体を生んで死亡する場合である．そして，ユール過程では，$m(t)$ は t の指数関数になったのである．そこで，分枝過程の場合にも $m(t)$ が指数関数的に増大するものと予想し，適当な定数 $\beta > 0$ に対して，$g(t) = e^{-\beta t} m(t)$ が $t \to \infty$ で一定の極限に近づくことを期待して，$g(t)$ に関する積分方程式を導こう．そこで，式 (6.29) の両辺に $e^{-\beta t}$ を掛けると

$$g(t) = e^{-\beta t}\{1 - F(t)\} + a\int_0^t e^{-\beta s} g(t-s) \mathrm{d}F(s) \qquad (6.30)$$

が導かれる．これが再生型の方程式になるためには，右辺の第2項が

$$\int_0^t g(t-s) \mathrm{d}F_\beta(s)$$

という形に書ける必要がある．このことから

$$\mathrm{d}F_\beta(s) = a e^{-\beta s} \mathrm{d}F(s)$$

が導かれるが，$F_\beta(s)$ は分布関数でなくてはならないので

$$F_\beta(s) = \int_0^s a e^{-\beta y} \mathrm{d}F(y) \qquad (6.31)$$

で，$F_\beta(\infty) = 1$ から

$$\int_0^\infty e^{-\beta y} \mathrm{d}F(y) = \frac{1}{a} \qquad (6.32)$$

となる．式 (6.32) の左辺は β に関して単調減少な連続関数で，$\beta = 0$ なら1で，$\beta \to \infty$ では0に近づくので，式 (6.32) を満たす β はただ1つ存在する．β をそのように定めると，式 (6.30) は再生型の方程式になり，主要定理により $t \to \infty$ では

$$g(t) \to \int_0^\infty e^{-\beta y}\{1 - F(y)\}\mathrm{d}y \Big/ \int_0^\infty s \mathrm{d}F_\beta(s) \qquad (6.33)$$

となる．式 (6.33) の分子は，部分積分と式 (6.32) により

$$-\{1-F(y)\}\frac{e^{-\beta y}}{\beta}\Big|_{y=0}^\infty - \int_0^\infty \frac{e^{-\beta y}}{\beta} \mathrm{d}F(y) = \frac{1}{\beta} - \frac{1}{a\beta}$$

に等しく，分母は

$$a\int_0^\infty s e^{-\beta s} \mathrm{d}F(s)$$

に等しい．したがって，式 (6.33) より

$$g(t) = e^{-\beta t} m(t) \to (a-1)/a^2 \beta \int_0^\infty s e^{-\beta s} dF(s) \quad (t \to \infty) \qquad (6.34)$$

が得られる． □

【問】寿命がパラメータ λ の指数分布 $Ex(\lambda)$ をする場合，β の値および $g(t)$ の極限を求めよ．

初期条件の影響　たとえば [例 6.4] において，観測を開始した時点 $t=0$ より前から運転が始まっていた場合を考えてみよう．この場合には，最初の再生点までの時間の分布は，それ以後の再生点間の分布とは一般に異なることになる．このような確率過程は**一般化再生過程**とよばれる．しかし，この過程の $t \to \infty$ の極限における性質を考える限りは，初期条件の影響は消えてしまうことは明らかである．したがって，一般化再生過程においても，式 (6.19)～(6.23) が成り立つ．

───────────────────────────────── **練 習 問 題**

6.1 生起間隔がガンマ分布 $G(2,3)$，すなわち，$f(t)=4t^2 e^{-2t}$ の再生過程の平均値関数 $m(t)$ を求めよ．

6.2 再生過程 $\{N(t);\ t \geq 0\}$ の平均値関数 $m(t)=E[N(t)]$ が $m(t)=\lambda t$ で与えられるならば，この再生過程はポアソン過程であることを示せ．

6.3 電話回線が1本の事務所に，1分に λ 本の割合のポアソン過程に従って電話がかかってくる．通話の持続時間 $Y_1, Y_2, \cdots$ は互いに独立に同一の分布をする．通話中にかかってきた電話はつながらない．時刻 t までに電話がつながった回数を $N(t)$ とすると，次式が成り立つことを示せ．

$$\lim_{t \to \infty} \frac{E[N(t)]}{t} = \frac{\lambda}{1+\lambda E(Y_1)}$$

6.4 回線が実際上無限と考えてよいほど多数ある交換台を考える．ここにかかってくる電話の数は生起率 λ のポアソン過程とみなせる．また，各通話の持続時間の分布関数を G とする．$t=0$ には通話中の回線はないものとして，時刻 t において通話中の回線の本数 $N(t)$ の期待値を $m(t)$ とする．

(1) $m(t)$ はつぎの再生型の方程式を満たすことを示せ．

$$m(t) = \int_0^t [1-G(t-s)] \lambda e^{-\lambda s} ds + \int_0^t m(t-s) \lambda e^{-\lambda s} ds$$

(2) ラプラス変換を利用してこれを解き，$m(t)$ が次式で表されることを示せ．

$$m(t) = \lambda \int_0^t [1-G(s)] ds$$

6.5 [例 6.5] の分枝過程で，個体の寿命分布 F が連続分布で，その平均 μ が有限，1個の個体が残す子どもの数の平均値 a が 1 より小さい場合を考える．この生物が死に絶えるまでに生きていた全個体の寿命の総和の期待値を L とする．

(1) $L = \int_0^\infty m(t)\mathrm{d}t$ であることを確かめよ．

(2) $m(t)$ のラプラス変換を $\tilde{m}(z)$ とすると，$L = \tilde{m}(0)$ であることを確かめよ．

(3) 式 (6.29) をもとにして，$\tilde{m}(z)$ を求めよ．

(4) L を求めよ．

6.6 ある装置を設置してから故障するまでの時間は連続分布をし，その分布関数は F である．この装置は，故障するか，または設置後 τ 時間経過すると，瞬時にして同一種類の別の装置に取り替えられる．最初の装置を設置してから t 時間経過するまでに行われる取り替えの回数を $N(t)$，故障の回数を $M(t)$ とする．

(1) $\displaystyle\lim_{t\to\infty}\frac{N(t)}{t} = 1\Big/\int_0^\tau [1-F(u)]\mathrm{d}u$ が確率 1 で成り立つことを示せ．

(2) 故障による取り替えの時刻の系列は再生過程となることを示せ．また，故障による取り替え間隔の分布関数 G は次式で与えられることを示せ．
$$1 - G(t) = [1-F(\tau)]^k [1-F(t-k\tau)] \qquad (k\tau \leq t < (k+1)\tau)$$

(3) $\displaystyle\lim_{t\to\infty}\frac{M(t)}{t} = F(\tau)\Big/\int_0^\tau [1-F(u)]\mathrm{d}u$ が確率 1 で成り立つことを示せ．

(4) 装置が故障して取り替えると c_1 円，故障しないで取り替えると c_2 円の費用がかかるものとすると，単位時間あたりの取り替え費用の極限値 $C(\tau)$ は
$$C(\tau) = \lim_{t\to\infty}\frac{c_1 M(t) + c_2\{N(t)-M(t)\}}{t}$$
である．F が指数分布である場合には，$C(\tau)$ は τ の減少関数であることを示せ．（したがって，故障したときにだけ取り替えると，費用が最小になる．）

6.7 (1) 再生過程 $\{N(t);\ t\geq 0\}$ の 2 次モーメント $m_2(t) = E[\{N(t)\}^2]$ は，つぎの積分方程式を満たすことを示せ．
$$m_2(t) = m(t) + 2\int_0^t m(t-s)\mathrm{d}m(s)$$

(2) $m_2(t)$ のラプラス変換 $\tilde{m}_2(z)$ は，$z=0$ の近くでは
$$\tilde{m}_2(z) = \frac{2}{\mu^2 z^3} + \frac{2\sigma^2 - \mu^2}{\mu^3 z^2} + \mathrm{o}\!\left(\frac{1}{z}\right)$$
と書けることを示せ．また，$t\to\infty$ のとき
$$m_2(t) = \frac{t^2}{\mu^2} + \frac{2\sigma^2 - \mu^2}{\mu^3}t + \mathrm{o}(1)$$
となることを示せ．

(3) 任意の x について次式が成り立つことを示せ．

$$\lim_{t\to\infty} P\left\{\frac{N(t)-t/\mu}{\sqrt{t\sigma^2/\mu^3}} \leq x\right\} = \frac{1}{\sqrt{2\pi}} \int_{-\infty}^{x} e^{-y^2/2} dy$$

6.8 現象の生起間隔の分布 F が離散型の場合を考えよう．F の確率関数を f とする．p.80 の脚注の条件 $F(0)=0$ に対応して $f(0)=0$ とする．

(1) 再生方程式 (6.9) はつぎのようになることを確かめよ．
$$m(k) = F(k) + \sum_{j=1}^{k-1} m(k-j)f(j) \tag{6.35}$$

(2) 母関数をつぎのように定義する．
$$m^*(z) = \sum_{k=1}^{\infty} m(k)z^k, \qquad F^*(z) = \sum_{k=1}^{\infty} F(k)z^k, \qquad f^*(z) = \sum_{k=1}^{\infty} f(k)z^k$$
これを使うと，再生方程式 (6.35) はつぎのように書けることを確かめよ．
$$m^*(z) = F^*(z) + m^*(z)f^*(z) \tag{6.36}$$

(3) $F^*(z)$ と $f^*(z)$ の間にはつぎの関係があることを確かめよ．
$$F^*(z) = \frac{f^*(z)}{1-z} \tag{6.37}$$

(4) 式 (6.13) に対応する式として，つぎの式を導け．
$$m^*(z) = \frac{f^*(z)}{1-f^*(z)} \cdot \frac{1}{1-z} \tag{6.38}$$

(5) 生起間隔が幾何分布 $f(k)=pq^{k-1}$ $(p+q=1)$ をする場合について，$m^*(z)$ と $m(k)$ を求めよ．

7 マルコフ連鎖

7.1 基本的事項

7.1.1 推移確率

この章で扱うのは，離散時間の確率過程 $\{X_n;\ n=0,1,2,\cdots\}$ で，状態空間 S も離散的なものである．$S=\{1,2,3,\cdots\}$ としても一般性を失わないので，特に断わらない限りそうすることにする．S の要素の数，すなわち X_n がとりうる状態の数は，有限のことも無限のこともある．

> 【定義】すべての $n \geq 0$ とすべての $j \in S$ に対して条件：
> $$P\{X_{n+1}=j|X_0,X_1,\cdots,X_n\}=P\{X_{n+1}=j|X_n\} \tag{7.1}$$
> が成り立つとき，確率過程 $\{X_n;\ n=0,1,2,\cdots\}$ のことをマルコフ連鎖*という．

式(7.1)は，この確率過程の'つぎの状態' X_{n+1} がどうなるかが'現在の状態' X_n のみに依存して(確率的に)決まり，'過去の履歴' $X_0, X_1, \cdots, X_{n-1}$ には無関係であることを示している．この性質のことを**マルコフ性**という．式(7.1)の条件つき確率は，一般には n によって変わってもよい．しかし，本書ではこれが n に無関係な場合，すなわち時間的に**斉次**(homogeneous)な過程のみを扱う．そこで

$$P\{X_{n+1}=j|X_n=i\}=P(i,j) \tag{7.2}$$

と書くことにする．$P(i,j)$ は，状態 i から状態 j への**推移確率**とよばれている．また，すべての $P(i,j)$ を次式の右辺のように並べてできる(有限次または無限次の)行列 $\boldsymbol{P}$

---

* 正確には'離散時間の'マルコフ連鎖というべきであるが，修飾語を省略していうことが多い．

$$P = \begin{bmatrix} P(1,1) & P(1,2) & P(1,3) & \cdots \\ P(2,1) & P(2,2) & P(2,3) & \cdots \\ P(3,1) & P(3,2) & P(3,3) & \cdots \\ \vdots & \vdots & \vdots & \vdots \end{bmatrix}$$

のことを**推移確率行列**という.

定義から明らかなとおり,推移確率行列のすべての要素は非負であり,任意の行のすべての要素の和(これを行和という)は1に等しい*.

【例7.1】銘柄選択　某国では4つの銘柄のビールA, B, C, Dが市販されている. ある調査によると,消費者がどの銘柄のビールを買うかは,前回どれを買ったかということには影響されるが,それ以前に買った銘柄には無関係であるという. そうすると,ある人が最初に買った銘柄を X_0 で表し,その後買う銘柄を $X_1, X_2, \cdots$ で表すことにすると, $\{X_n; n=0, 1, 2, \cdots\}$ はマルコフ連鎖となる. 状態空間は $S = \{A, B, C, D\}$ である. 推移確率行列 P はたとえば

$$\begin{array}{c} \\ A \\ B \\ C \\ D \end{array} \begin{array}{cccc} A & B & C & D \\ \left[\begin{matrix} 0.90 & 0.05 & 0.03 & 0.02 \\ 0.10 & 0.80 & 0.05 & 0.05 \\ 0.08 & 0.10 & 0.80 & 0.02 \\ 0.10 & 0.10 & 0.10 & 0.70 \end{matrix} \right] \end{array} = P \tag{7.3}$$

のようになる. この例では,各銘柄のシェア(市場占有率)がどのように変わっていくかに興味があるが,これについては後で述べる.　□

【例7.2】囲碁の優勝者決定戦　A, B, Cの3人の間で囲碁の優勝者を決めることになった. はじめにAとBが対局したところ,Aが勝った. そこで,つぎはAとCが対局する. もしAが勝てばAの優勝,Cが勝てば,つぎはCとBの対局とする. 以下同様にして,最初に2連勝したものを優勝者とする. 1回の対局でAがBに,BがCに,CがAに勝つ確率は,過去の対戦結果とは無関係で,それぞれ p, q, r であるとする(引き分けはないものとする).

この優勝者決定のプロセスはマルコフ連鎖になると考えられるが,'状態' としてはどのようなものが考えられるであろうか. たとえば,Aが1勝してこれからCと対局するという状態をACという記号で表すことにしよう. そうすると,優勝者が決定しない間に起こりうる状態は,AC, CB, BAの3つである. また,優勝者がA, B, Cに決定したという状態を,それぞれ A^2, B^2, C^2 と

---

* 一般に,この2つの性質を満たす行列のことを**確率行列**(stochastic matrix)という.

いう記号で表すことにする．この連鎖のとりうる状態はこれらの6つである．推移確率行列はつぎのようになる．

$$\begin{array}{c} & \begin{array}{cccccc} AC & CB & BA & A^2 & B^2 & C^2 \end{array} \\ \begin{array}{c} AC \\ CB \\ BA \\ A^2 \\ B^2 \\ C^2 \end{array} & \left[\begin{array}{cccccc} 0 & r & 0 & 1-r & 0 & 0 \\ 0 & 0 & q & 0 & 0 & 1-q \\ p & 0 & 0 & 0 & 1-p & 0 \\ 0 & 0 & 0 & 1 & 0 & 0 \\ 0 & 0 & 0 & 0 & 1 & 0 \\ 0 & 0 & 0 & 0 & 0 & 1 \end{array}\right] = \boldsymbol{P} \end{array} \quad (7.4)$$

優勝者が決定すると，このプロセスは終了するのであるが，$\boldsymbol{P}$の6×6の要素はすべて定義しなければならないので，たとえばA^2という状態になったなら，それからずっとその状態が続くものと考えて，A^2からA^2への推移確率を1としていることに注意しよう． □

【例7.3】ランダム・ウォーク　　直線上に等間隔に並んでいる点の上を運動している粒子を考える．粒子の占める位置が'状態'であり，それは整数で表される．時刻nに状態iにあった粒子が，そのつぎの時刻$n+1$に'右隣り'の状態$i+1$に移る確率はp，'左隣り'の状態$i-1$に移る確率はq，もとの状態iにとどまる確率は$r=1-p-q$であるとする．このような粒子の運動は，(1次元の)ランダム・ウォークといわれ*，物理学のモデルや賭けのモデルとしてよく使われる．粒子は直線上をどちらの向きにも無限に動きうる場合もあるし，一方あるいは両方に行きどまりの'壁'があって，そこから先には行けない場合もある．粒子が壁に到達すると，そこから離れられなくなる壁は**吸収壁**とよばれ，はねかえってくる壁は**反射壁****とよばれている．たとえば，とりうる状態が$S=\{0,1,2,3,4\}$で，0が吸収壁，4が反射壁の場合には，推移確率行列は次のようになる．

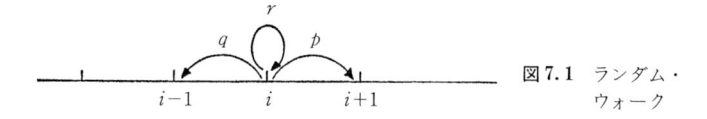

図7.1　ランダム・ウォーク

---

*　p,q,rがiによって変わる，もっと複雑なランダム・ウォークもある．
**　1回の推移でもどってくる確率が1の場合を完全反射壁，そうでない場合を不完全反射壁という．

$$\begin{matrix} & 0 & 1 & 2 & 3 & 4 \end{matrix}$$
$$\begin{matrix} 0 \\ 1 \\ 2 \\ 3 \\ 4 \end{matrix} \begin{bmatrix} 1 & 0 & 0 & 0 & 0 \\ q & r & p & 0 & 0 \\ 0 & q & r & p & 0 \\ 0 & 0 & q & r & p \\ 0 & 0 & 0 & q' & r' \end{bmatrix} = \boldsymbol{P} \tag{7.5}$$

ここで，$q'=1-r'>0$ である．($q'=1$なら完全反射壁，$0<q'<1$なら不完全反射壁である．)　□

【例 7.4】電球の取り替え　ある工場に 1000 個の電球が取り付けられている．切れた電球は月末にまとめて取り替えている．過去の統計によると，新しい電球を取り付けてからの経過月数（月齢）ごとの取り替え数の割合は表 7.1 のようである．すなわち，取り付け後 1ヵ月以内に切れてしまうものが 3％，2ヵ月目に入ってから切れるものが 20％，等々であり，5ヵ月目の終わりまでには，すべてが切れてしまう．

表 7.1 電球の取り替え率

経過月数	取り替え率
1	0.03
2	0.20
3	0.60
4	0.15
5	0.02

任意に選んだ特定の場所に取り付けられている電球に注目し，毎月末の取り替え後に月齢（1ヵ月未満切り上げ）を記録していくことにすると，それはマルコフ連鎖になる．状態空間は $S=\{1,2,3,4,5\}$ で，推移確率行列はつぎのようになる．

$$\boldsymbol{P} = \begin{bmatrix} p_1 & q_1 & 0 & 0 & 0 \\ p_2 & 0 & q_2 & 0 & 0 \\ p_3 & 0 & 0 & q_3 & 0 \\ p_4 & 0 & 0 & 0 & q_4 \\ p_5 & 0 & 0 & 0 & 0 \end{bmatrix}, \quad \begin{matrix} p_i + q_i = 1 \quad (1 \leq i \leq 4) \\ p_5 = 1 \end{matrix} \tag{7.6}$$

ここで，p_i, q_i と表 7.1 の取り替え率の間には，つぎの関係があり，これから p_i, q_i が定まる．

$$p_1 = 0.03$$
$$q_1 p_2 = 0.20$$
$$q_1 q_2 p_3 = 0.60$$
$$q_1 q_2 q_3 p_4 = 0.15$$
$$q_1 q_2 q_3 q_4 p_5 = 0.02$$

□

7.1.2 チャップマン-コルモゴロフの方程式

$P(i,j)$ は,任意の時刻 n に状態 i にあったマルコフ連鎖がつぎの時刻に状態 j に移る確率であった.それでは,$X_n=i$ であったとして,'つぎのつぎの時刻' $n+2$ に状態 j に移る確率,すなわち

$$P\{X_{n+2}=j|X_n=i\}$$

はどうなるであろうか.この確率を計算するためには,時刻 $n+1$ にどの状態を経由して $X_{n+2}=j$ に到達するかを考えればよい(図7.2).そうすると

$$P\{X_{n+2}=j|X_n=i\} = \sum_{k\in S} P\{X_{n+1}=k|X_n=i\}P\{X_{n+2}=j|X_{n+1}=k\}$$
$$= \sum_{k\in S} P(i,k)P(k,j) \qquad (7.7)$$

であることは容易にわかる(全確率の公式).式 (7.7) の右辺は,行列 $\boldsymbol{P}$ を2乗して得られる行列の (i,j) 要素であることに注意しよう.3ステップ以上の推移確率も同様にして計算できる.すなわち

$$P^{(m)}(i,j) = P\{X_{n+m}=j|X_n=i\} \qquad (7.8)$$

を (i,j) 要素とする行列(**m ステップ推移確率行列**)を $\boldsymbol{P}^{(m)}$ と書くことにすると,任意の $m \geq 1$ に対して

$$\boldsymbol{P}^{(m)} = \boldsymbol{P}^m \qquad (7.9)$$

が成り立つ.なお,$i=j$ ならば $P^{(0)}(i,j)=1$,$i \neq j$ ならば $P^{(0)}(i,j)=0$ と定義することにすれば,式 (7.9) は $m=0$ に対しても成り立つことになる.

行列のべき乗の性質から,任意の l $(0 \leq l \leq m)$ に対して

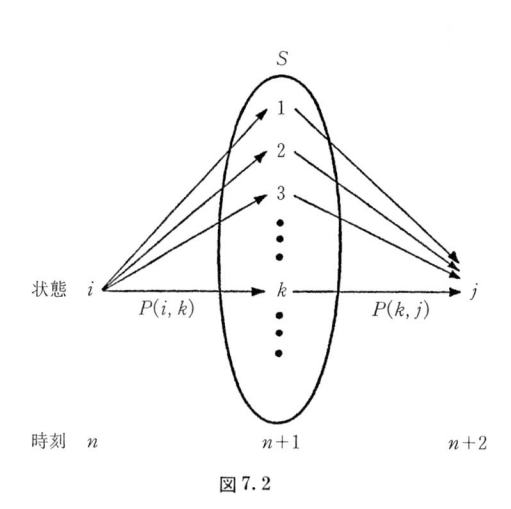

$$\boldsymbol{P}^m = \boldsymbol{P}^l \boldsymbol{P}^{m-l}$$

が成り立ち,したがって,式 (7.9) から

$$\boldsymbol{P}^{(m)} = \boldsymbol{P}^{(l)} \boldsymbol{P}^{(m-l)} \qquad (7.10)$$

が得られる.これは行列の要素を使って書けば

$$P^{(m)}(i,j) = \sum_{k\in S} P^{(l)}(i,k) P^{(m-l)}(k,j)$$
$$(i,j\in S) \qquad (7.11)$$

となる.この関係式は**チャップマン-コルモゴロフの方程式**とよばれているものである.

図7.2

【問】任意の $m \geq 0$ について,$\boldsymbol{P}^{(m)}$

は確率行列であることを示せ．

7.2 状態の分類と性質

7.2.1 同 値 類

マルコフ連鎖のある状態 j が，状態 i から**到達可能**であるというのは，$P^{(n)}(i,j)>0$ となる $n≥0$ が存在することである．このとき，記号で $i→j$ と書くことにする．このことをグラフ理論の用語でいえばつぎのようになる．図7.3のように，マルコフ連鎖のとりうるすべての状態に節点を対応させ，$P(i,j)>0$ が成り立つすべての状態の組 (i,j) に対応して節点 i から節点 j に矢印つきの枝を描いたグラフ(**推移グラフ**)を考える．グラフ上で，節点 i から矢印の向きに枝をたどって節点 j に到達する道(**有向道**)が1本以上ある場合に，状態 j が状態 i から到達可能であるという．なお，自分自身の状態はつねに到達可能であるとする．

状態 j が状態 i から到達可能 $(i→j)$ で，かつ，状態 i が状態 j から到達可能 $(j→i)$ な場合には，i と j とは**相互到達可能**であるといい，記号で $i↔j$ と書く．これは，推移グラフ上で，節点 i から節点 j へも，また節点 j から節点 i へも有向道がついていることを意味する．つぎの定理が成り立つことは明らかであろう．

> **【定理7.1】** 相互到達可能という関係は同値関係である．すなわち
> (1) (反射律) $i↔i$
> (2) (対称律) $i↔j$ ならば $j↔i$
> (3) (推移律) $i↔j$ かつ $j↔k$ ならば $i↔k$．

さて，同値関係 $↔$ を使って，すべての状態 S を同値類に(一意的に)分けることができる．同一の類に属する状態どうしは相互到達可能であり，別の類に属する状態どうしは相互到達不能である(後者の場合，1方向だけには到達可能なこともあることに注意しよう)．すべての状態 S がたった1つの類にまとまってしまう場合には，このマルコフ連鎖は**既約** (irreducible) であるという．これは，グラフ理論の用語でいえば，推移グラフが**強連結**である場合である．

【例7.5】 図7.3は，[例7.3]で述べたランダム・ウォークの推移グラフである ($r_4>0$ とした)．$\{1,2,3,4\}$ は1つの同値類をなし，$\{0\}$ は別の同値類である．□

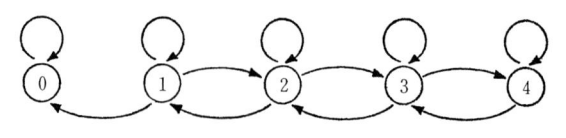

図7.3 ランダム・ウォークの推移グラフ

【問】[例 7.1] および [例 7.2] のマルコフ連鎖の推移グラフを描き，状態を同値類に分けよ．

同一の同値類に属するすべての状態は，いろいろな性質を共有していることが知られている．以下これらの性質について述べよう．

7.2.2 周　　期

マルコフ連鎖の状態 i の周期 $d(i)$ というのは，$P^{(n)}(i,i)>0$ となるすべての整数 $n≥1$ の最大公約数のことである（そのような n が存在しない場合には $d(i)=0$ と定義する）．周期が 1 の状態は，**非周期的**であるという．

【定理 7.2】$i \leftrightarrow j$ ならば $d(i)=d(j)$ である．

この定理の証明については，章末の [練習問題 7.5] をみよ．

7.2.3 再　帰　性

マルコフ連鎖の状態の中には，何度でも繰り返し実現する確率が 1 のものと，そうでないものがありうる．たとえば，図 7.3 の推移グラフで表現される連鎖では，状態 0 は前者の例，状態 1, 2, 3, 4 は後者の例である．ここでは，このような性質について詳しく調べてみよう．

連鎖がはじめて状態 j に到達する時刻 $n(≥1)$ のことを，j への**初到達時刻**とよび，T_j という記号で表すことにする．すなわち

$$X_1 \neq j, X_2 \neq j, \cdots, X_{n-1} \neq j, X_n = j \quad ならば \quad T_j = n,$$

$$すべての n\,(n≥1) について X_n \neq j \quad ならば \quad T_j = \infty$$

とする．

そうすると

$$f^{(n)}(i,j) = P\{T_j = n | X_0 = i\} \quad (n≥1) \tag{7.12}$$

は，i から出発した連鎖がはじめて j に到達する時刻が n である確率であり

7.2 状態の分類と性質

$$f(i,j) = \sum_{n=1}^{\infty} f^{(n)}(i,j) \tag{7.13}{}^{*}$$

は，i から出発した連鎖がいつかは j に到達する確率である．状態 j は

$$f(j,j)=1 \quad \text{ならば} \quad \textbf{再帰的,}$$
$$f(j,j)<1 \quad \text{ならば} \quad \textbf{非再帰的}$$

であるという．T_j を使っていえば

$$P\{T_j=\infty|X_0=j\}=0 \quad \text{ならば} \quad \text{再帰的,}$$
$$P\{T_j=\infty|X_0=j\}>0 \quad \text{ならば} \quad \text{非再帰的}$$

である．

$f^{(n)}(i,j)$ と $P^{(n)}(i,j)$ の間にはつぎの関係がある．

$$P^{(n)}(i,j) = \sum_{k=1}^{n} f^{(k)}(i,j) P^{(n-k)}(j,j) \tag{7.14}$$

この関係式が正しいことは，つぎのようにして確かめられる．

$P^{(n)}(i,j)$ は，$X_0=i$ という条件のもとで $X_n=j$ となる事象 $\{X_n=j|X_0=i\}$ の確率であるが，この事象は T_j の値によって互いに排反な事象の和として書き表せる：

$$\{X_n=j|X_0=i\} = \bigcup_{k=1}^{n}\{X_n=j, T_j=k|X_0=i\}$$

したがって，全確率の公式 (1.21) (p.10) により

$$P\{X_n=j|X_0=i\} = \sum_{k=1}^{n} P\{T_j=k|X_0=i\} P\{X_n=j|T_j=k, X_0=i\}$$
$$= \sum_{k=1}^{n} P\{T_j=k|X_0=i\} P\{X_n=j|X_k=j\}$$
$$= \sum_{k=1}^{n} f^{(k)}(i,j) P^{(n-k)}(j,j)$$

が得られる．

なお，ここで用いた証明の手法，すなわち，ある事象を T_j の値によって互いに排反な事象の和に分割し，全確率の公式によってもとの事象の確率を求めるという手法は，以下でも用いる重要なものなので，'初到達時刻の方法'と仮に名付けることにしよう．

さて，再帰的な状態 j から出発したマルコフ連鎖は，確率 1 で出発状態 j に無限回もどってくるであろう．また，非再帰的な状態から出発した連鎖が出発状態

---

* 無限和 $\sum_{n=1}^{\infty}$ は，いうまでもなく有限和の極限 $\lim_{m\to\infty}\sum_{n=1}^{m}$ の意味である．以下でも同様．

に無限回もどってくる確率は 0 であろう．これらのことは，直観的にはほとんど明らかであろうが，形式的にはつぎのようにして証明できる．

連鎖が $n \geq 1$ で状態 j に到達する回数を表す確率変数を N_j とし

$$g(i,j) = P\{N_j = \infty | X_0 = i\} \tag{7.15}$$

と定義する．

初到達時刻の方法により

$$\begin{aligned}
P\{N_j \geq n | X_0 = i\} &= \sum_{k=1}^{\infty} P\{T_j = k | X_0 = i\} P\{N_j \geq n | T_j = k, X_0 = i\} \\
&= \sum_{k=1}^{\infty} P\{T_j = k | X_0 = i\} P\{N_j \geq n | X_k = j\} \\
&= \sum_{k=1}^{\infty} P\{T_j = k | X_0 = i\} P\{N_j \geq n-1 | X_0 = j\} \\
&= f(i,j) P\{N_j \geq n-1 | X_0 = j\}
\end{aligned} \tag{7.16}$$

が得られ，この関係を繰り返し適用することによって

$$\begin{aligned}
P\{N_j \geq n | X_0 = i\} &= f(i,j)\{f(j,j)\}^{n-2} P\{N_j \geq 1 | X_0 = j\} \\
&= f(i,j)\{f(j,j)\}^{n-1} \quad (n \geq 1)
\end{aligned} \tag{7.17}$$

が得られる．この両辺の極限をとると

$$g(i,j) = f(i,j) \lim_{n \to \infty} \{f(j,j)\}^{n-1} \tag{7.18}$$

となる．ここで，$i = j$ とおくことによって，結局つぎの関係

$$j \text{ が 再帰的 } (f(j,j) = 1) \Leftrightarrow g(j,j) = 1,$$
$$j \text{ が 非再帰的 } (f(j,j) < 1) \Leftrightarrow g(j,j) = 0$$

が成り立つことがわかる．

ところで，マルコフ連鎖の構造を規定しているのは推移確率行列 $\boldsymbol{P}$ であるから，ある状態が再帰的であるか否かは，直接 $\boldsymbol{P}$ の要素を用いて判定できるはずである．これに関しては，つぎの定理が知られている．

【定理 7.3】状態 j が再帰的であるための必要十分条件は

$$\sum_{n=1}^{\infty} P^{(n)}(j,j) = \infty \tag{7.19}$$

が成り立つことである．

【証明】まず，$X_0 = i$ という条件のもとで，$X_n = j$ ならば 1，そうでなければ 0 という値をとる確率変数 Z_n を導入しよう．そうすると，$\sum_{n=1}^{\infty} Z_n$ は，状態 i から出発した連鎖が状態 j に到達する回数である．そして

7.2 状態の分類と性質

$$E\left[\sum_{n=1}^{\infty} Z_n\right] = \sum_{n=1}^{\infty} E[Z_n] = \sum_{n=1}^{\infty} P\{Z_n=1\} = \sum_{n=1}^{\infty} P^{(n)}(i,j) \qquad (7.20)$$

が成り立つから，式 (7.19) は状態 j から出発した連鎖が j へもどってくる回数の期待値が無限大であるという条件である．一方，式 (7.17) および [定理 3.2] の系 (p. 38) を用いて

$$E\left[\sum_{n=1}^{\infty} Z_n\right] = \sum_{k=1}^{\infty} P\{N_j \geq k | X_0 = i\} = f(i,j) \sum_{k=1}^{\infty} \{f(j,j)\}^{k-1} \qquad (7.21)$$

が得られる．したがって，式 (7.20) および (7.21) で $i=j$ とおくことによって

$$f(j,j)=1 \quad \text{と} \quad \sum_{n=1}^{\infty} P^{(n)}(j,j) = \infty \quad \text{とは同等}$$

であることがわかる． ∎

この定理から，再帰性は同値類の性質であることが導かれる*．

【系 1】 同一の同値類に属する状態は，すべてが再帰的であるか，すべてが非再帰的であるかのいずれかである．

【証明】 $i \leftrightarrow j$ で $\sum_{m=1}^{\infty} P^{(m)}(i,i) = \infty$ ならば $\sum_{m=1}^{\infty} P^{(m)}(j,j) = \infty$ となることを示せば十分である．

さて，$i \leftrightarrow j$ ならば，ある $l \geq 1, n \geq 1$ に対して $P^{(l)}(j,i) > 0$, $P^{(n)}(i,j) > 0$ である．推移確率の定義から容易にわかる不等式

$$P^{(l+m+n)}(j,j) \geq P^{(l)}(j,i) P^{(m)}(i,i) P^{(n)}(i,j) \qquad (m=1,2,\cdots)$$

を加え合わせれば

$$\sum_{m=1}^{\infty} P^{(l+m+n)}(j,j) \geq P^{(l)}(j,i) \left\{\sum_{m=1}^{\infty} P^{(m)}(i,i)\right\} P^{(n)}(i,j)$$

となり，i が再帰的であれば，この右辺は ∞ となり，したがって，左辺も ∞ で，j は再帰的となる． ∎

【系 2】 状態 j が非再帰的ならば，任意の状態 $i \in S$ に対して

$$\lim_{n \to \infty} P^{(n)}(i,j) = 0 \qquad (7.22)$$

が成り立つ．

【証明】 $0 \leq f(j,j) < 1$ であるから，式 (7.20) および (7.21) より

$$\sum_{n=1}^{\infty} P^{(n)}(i,j) = \frac{f(i,j)}{1-f(j,j)} < \infty \qquad (7.23)$$

となり，したがって，式 (7.22) が成り立つ． ∎

【例 7.6】ランダム・ウォーク；続き [例 7.3] で扱ったランダム・ウォークで，粒子が左右両方向に無限に動きうる場合で，しかも $r=0$, すなわち 1 回の推

---

* したがって，今後は '同値類が再帰的 (非再帰的) である' という言い方をすることがある．

移で左右両隣りの状態のいずれかに必ず移動する場合を考えよう．$p>0$, $q>0$ ならば，この連鎖は既約であることは明らかである．そこで，状態 0 の再帰性について考える．

明らかに
$$P^{(2n+1)}(0,0)=0 \quad (n=0,1,2,\cdots)$$
$$P^{(2n)}(0,0)=\binom{2n}{n}p^n q^n=\frac{(2n)!}{(n!)^2}p^n q^n \quad (n=1,2,3,\cdots)$$

が成り立つ．ここでスターリングの公式
$$n! \sim \sqrt{2\pi}\,n^{n+1/2}\mathrm{e}^{-n}$$
を使うと
$$P^{(2n)}(0,0) \sim \frac{(4pq)^n}{\sqrt{\pi n}}$$
が得られる．ここで，$4pq \leq 1$ で，等号は $p=q=1/2$ の場合に限る．

したがって，$p=q=1/2$ のとき，かつ，そのときに限り
$$\sum_{n=1}^{\infty} P^{(n)}(0,0)=\infty$$
で，この連鎖は再帰的となる．

同様にして，2 次元の格子上の対称なランダム・ウォーク (1 回の推移で隣接する 4 個の格子点のいずれに移動する確率も 1/4) に対応するマルコフ連鎖も再帰的であることが示される．一方，3 次元の対称なランダム・ウォークは非再帰的である．すなわち，粒子がある場所を離れるとそこに永遠にもどってこない確率が正であることが知られている． □

[定理 7.3] によって，同一の同値類に属する状態間の関係がわかったが，それでは相異なる同値類に属する状態の間の関係はどのようになっているのであろうか．このことについてつぎに調べてみよう．

> 【定義】マルコフ連鎖の状態の空でない任意の集合を C とする．C に属さない任意の状態が，C に属するいかなる状態からも到達不能であるとき，C は**閉じている** (closed) という*.

【定理 7.4】再帰的な同値類は閉じている．

---

* この用語は日常用語とは異なることに注意せよ．C の外から中へ入ることは必ずしも不可能ではないのである．ねずみとりのようなものを連想すればよい．

【証明】 i を再帰的な状態とし，i から到達可能な任意の状態を j とする．そうすると，i から出発して i にもどることなく j に到達する確率 p は正である．また，いったん j に到達したという条件のもとで，i にけっしてもどらない確率は $1-f(j,i)$ である．したがって，i から出発した後けっして i にもどらない確率に関して，不等式
$$1-f(i,i) \geq p\{1-f(j,i)\} \geq 0$$
が成り立つ．しかし i は再帰的であるから $1-f(i,i)=0$，そして $p>0$ であるから $f(j,i)=1$ となり，結局 $j \to i$ がいえる．すなわち，j は i と同じ同値類に属する．■

【系】 i と j が同一の再帰的同値類に属するならば
$$f(i,j) = g(i,j) = 1 \tag{7.24}$$

【証明】 式 (7.16) の両辺の極限をとると
$$g(i,j) = f(i,j)g(j,j) \tag{7.25}$$
となる．これと，上の [定理 7.4] の証明とから明らかである．■

平均到達時間，平均再帰時間　　状態 i から出発して状態 j へはじめて到達するまでの時間の期待値を $m(i,j)$ で表す．すなわち $P\{T_j < \infty | X_0 = i\} = 1$ ならば
$$\begin{aligned} m(i,j) &= \sum_{n=1}^{\infty} n P\{T_j = n | X_0 = i\} \\ &= \sum_{n=1}^{\infty} n f^{(n)}(i,j) \end{aligned} \tag{7.26}$$
そうでなければ $\qquad m(i,j) = \infty \tag{7.27}$
である．

一般に，$m(i,j)$ は i から j への**平均到達時間**とよばれ，特に $m(j,j)$ は状態 j の**平均再帰時間**とよばれている．

状態 j が非再帰的ならば，$P\{T_j = \infty | X_0 = j\} > 0$ であるから，$m(j,j) = \infty$ である．j が再帰的な場合には，$P\{T_j = \infty | X_0 = j\} = 0$ であるが，式 (7.26) の値は有限のことも無限大のこともありうる．状態 j は，$m(j,j) < \infty$ ならば**正再帰的** (positive recurrent)，$m(j,j) = \infty$ ならば**零再帰的** (null recurrent) とよばれる*．これに関してはつぎのことが成り立つ．

【定理 7.5】
(1) 同一の再帰的な同値類に属する状態は，すべてが正再帰的であるか，すべてが零再帰的であるかのいずれかである．

---
* '正' および '零' は，$1/m(j,j)$ が正か零かに対応している．そして $1/m(j,j)$ は，後に述べるように，連鎖の状態が長時間の間に j にいる割合の期待値になっている．

(2) 再帰的な同値類に属する状態が有限個ならば，この同値類は正再帰的である．

平均到達時間，平均再帰時間の計算法　$m(i,j)$ $(i \neq j)$ あるいは $m(j,j)$ の値を定義の式 (7.27) をそのまま使って計算するのは必ずしも容易ではない．つぎの連立方程式 (7.28) を利用するほうが簡単なことも多い．

i から出発して j に到達するのに，1回目の推移でどこに移るかで場合を分けて考えれば

$$m(i,j) = P(i,j) \times 1 + \sum_{k \neq j} P(i,k)\{1 + m(k,j)\}$$
$$= 1 + \sum_{k \neq j} P(i,k) m(k,j) \tag{7.28}$$

が得られる．j を固定して考えれば，式 (7.28) は $m(i,j)$ $(i \in S - \{j\})$ に関する連立方程式となる．また，$i = j$ とおくと，式 (7.28) は平均到達時間を使って平均再帰時間を求める式になる．

【例 7.7】ランダム・ウォーク　推移確率が図 7.4 で示されるような，非負の整数全体 $S = \{0, 1, 2, \cdots\}$ 上のランダム・ウォークを考えよう．ただし，$0 < p = 1 - q < 1$ とする．図から明らかなとおり，すべての状態は相互に到達可能であるから同一の同値類に属する．そして，$q \geq p$ なら再帰的，$q < p$ ならば非再帰的であることが知られている．ここでは再帰的な場合について考えることにし，正再帰的であるか零再帰的であるかを調べてみよう．

式 (7.28) で $j=0, i=1, 2, \cdots$ とおけば，状態 i から状態 $j=0$ への平均到達時間 $m(i, 0)$ に関するつぎの連立方程式が得られる．

$$m(1, 0) = 1 + pm(2, 0) \tag{7.29 a}$$
$$m(i, 0) = 1 + pm(i+1, 0) + qm(i-1, 0) \quad (i \geq 2) \tag{7.29 b}$$

式 (7.29 b) は，$m(i, 0)$ $(i \geq 1)$ に関する2階の差分方程式であるから，差分方程式の一般論に従って解くことができる*．式 (7.29 b) の特性方程式は

$$\lambda = p\lambda^2 + q$$

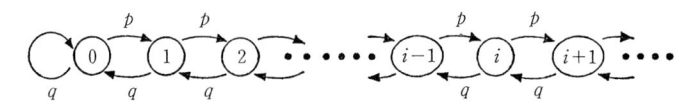

図 7.4　非負の整数全体上のランダム・ウォークの推移確率

---

* 2階の線形常微分方程式を解く手順とまったく並行に進むので，差分方程式論を知らない読者は微分方程式論を思い起こすとよい．

7.2 状態の分類と性質

となり，$p+q=1$ であるから，特性根は $\lambda_1=1$ および $\lambda_2=q/p$ である．

したがって，式 (7.29 b) の解は

$\lambda_1 \neq \lambda_2$ (すなわち，$p<q$) ならば
$$m(i,0)=A\lambda_1^i+B\lambda_2^i+C_i=A+B(q/p)^i+C_i \tag{7.30}$$

$\lambda_1=\lambda_2$ (すなわち，$p=q$) ならば
$$m(i,0)=(A'+B'i)\lambda_1^i+C_i'=A'+B'i+C_i' \tag{7.31}$$

という形に書ける．ただし，A, B, A', B' は i によらない定数で，C_i, C_i' は式 (7.29 b) の特解である．

特解の見つけ方は微分方程式の場合と同様である．すなわち，$m(i,0)=$ 定数，1次式，2次式，…と順番に簡単な形を仮定して式 (7.29 b) に代入し，適合するものを求めればよい．そうすると

$$p<q \text{ ならば} \quad C_i=\frac{i}{q-p}$$
$$p=q \text{ ならば} \quad C_i'=-i^2$$

が特解であることがわかる．

A, B 等の定数は，つぎのようにして定められる．

式 (7.29 a) は，(7.29 b) で形式的に $i=1, m(0,0)=0$ とおいたものに一致している．そこで，式 (7.30) あるいは (7.31) の右辺で形式的に $i=0$ としたものが 0 に等しいとすれば，式 (7.29 a) の条件は，方程式 (7.29 b) の境界条件として扱ったことになる．実際にそれを実行してみると，$p<q$ の場合には $B=-A$，$p=q$ の場合には $A'=0$ が得られ，解の形は

$$m(i,0)=\begin{cases} A\{1-(q/p)^i\}+i/(q-p) & (p<q) \tag{7.32 a}\\ B'i-i^2 & (p=q) \tag{7.32 b}\end{cases}$$

となる．A の値は，つぎの考察によって定められる．p を 0 に，q を 1 に近づけてみよう．そうすると，図から明らかなとおり，$m(i,0)$ は i に近づいていくであろう．ところが式 (7.32 a) では，$A \neq 0$ ならば，$m(i,0)$ の値は i から限りなく離れていく．したがって，$A=0$ でなければならない．一方，B' の値が有限ならば，式 (7.32 b) で i を限りなく大きくすると，$m(i,0)$ は負になってしまう．したがって，$B'=\infty$ でなければならない．結局

$$m(i,0)=\begin{cases} i/(q-p) & (p<q) \\ \infty & (p=q) \end{cases} \quad (i \geq 1) \qquad \begin{matrix}(7.33\,\text{a})\\(7.33\,\text{b})\end{matrix}$$

となる．状態 0 の平均再帰時間 $m(0,0)$ は，式 (7.28) で $i=j=0$ とおいて得られ

る関係式
$$m(0,0) = 1 + pm(1,0)$$
と上記の結果を用いて
$$m(0,0) = \begin{cases} q/(q-p) & (p<q) \quad (7.34\text{ a}) \\ \infty & (p=q) \quad (7.34\text{ b}) \end{cases}$$
となる．したがって，この連鎖は，$p<q$ ならば正再帰的，$p=q$ ならば零再帰的である． □

7.3 吸収確率と平均吸収時間

7.3.1 吸収確率

再帰的な状態と非再帰的な状態の両方があるマルコフ連鎖においては，特定の非再帰的状態 i から特定の再帰的状態 j への到達確率 $f(i,j)$ に興味がある．これは，状態 i から出発した連鎖が状態 j の属する同値類に'吸収'されてしまう確率である．この確率はつぎの連立方程式を解くことによって求められる．

$$f(i,j) = \sum_{k \in C(j)} P(i,k) + \sum_{k \in T} P(i,k) f(k,j) \quad (i \in T) \quad (7.35)$$

ここで，$C(j)$ は j を含む再帰的同値類，T は非再帰的状態の集合である．この式が正しいことはつぎのようにして容易に確かめられる．i から出発して1回の推移で到達する状態を k で表すことにすると

$$f(i,j) = \sum_{k \in S} P(i,k) f(k,j)$$
$$= \sum_{k \in C(j)} P(i,k) f(k,j) + \sum_{k \in T} P(i,k) f(k,j) + \sum_{k \in S-C(j)-T} P(i,k) f(k,j)$$

が成り立つ．ところが

$$k \in C(j) \quad \text{ならば} \quad f(k,j) = 1 \quad (\text{定理}[7.4]\text{の系})$$
$$k \in S - C(j) - T \quad \text{ならば} \quad f(k,j) = 0 \quad (\text{定理}[7.4])$$

であるから，式 (7.35) が成り立つ．

【例 7.8】囲碁の優勝者決定戦の例（[例 7.2]）では，各人が優勝する確率に興味がある．たとえば，A が優勝する確率を求めてみよう．この場合には，式 (7.35) の j に相当する状態は A^2 で，$C(j)$ に相当するのも A^2 だけである．また，$T = \{AC, CB, BA\}$ である．したがって式 (7.35) に相当する連立方程式は

$$\begin{cases} f(\text{AC}, \text{A}^2) = (1-r) + rf(\text{CB}, \text{A}^2) \\ f(\text{CB}, \text{A}^2) = \qquad qf(\text{BA}, \text{A}^2) \\ f(\text{BA}, \text{A}^2) = \qquad pf(\text{AC}, \text{A}^2) \end{cases}$$

となり,これを解いて A が優勝する確率

$$f(\text{AC}, \text{A}^2) = \frac{1-r}{1-pqr}$$

が得られる. □

【問】B, C が優勝する確率を求めよ.

7.3.2 有限マルコフ連鎖における平均吸収時間

とりうる状態の集合 S が有限なマルコフ連鎖を考え,S のうちで非再帰的な状態の集合を T で表すことにする(T は空集合ではないものとする.また有限な連鎖には再帰的な状態が少なくとも1つはあるから,$S-T$ も空集合でない).$i \in T$ から出発して $S-T$ に属するいずれかの状態へはじめて到達するまでの時間の平均値を $m(i)$ と書くことにする.これを**平均吸収時間**(mean time to absorption)という.$m(i)$ は式 (7.28) と同様の式

$$m(i) = 1 + \sum_{j \in T} P(i,j) m(j) \qquad (7.36)$$

を満たす.これを行列とベクトルの記号で書けば

$$\boldsymbol{m} = \boldsymbol{1} + \boldsymbol{Q}\boldsymbol{m} \qquad (7.37)$$

となる.ただし $\boldsymbol{m}$ は,$m(i)\ (i \in T)$ を並べた列ベクトル,$\boldsymbol{1}$ はすべての要素が1の列ベクトル,$\boldsymbol{Q}$ は推移確率行列 $\boldsymbol{P}$ の要素のうちから,T に属する状態に対応する行および列の要素を抜き出して並べた行列である.すなわち,T に属する状態には,属さない状態よりも若い番号を付けることにすると,$\boldsymbol{P}$ は

$$\begin{array}{c} \ T \quad\ S-T \\ \begin{array}{c} T \\ S-T \end{array} \left[\begin{array}{c|c} \boldsymbol{Q} & \boldsymbol{R} \\ \hline \boldsymbol{0} & \boldsymbol{U} \end{array} \right] = \boldsymbol{P} \end{array} \qquad (7.38)$$

という形に書けることになる.ここで,$\boldsymbol{U}$ は再帰的状態の集合 $S-T$ の間の推移確率を表す行列,$\boldsymbol{R}$ は非再帰的状態から再帰的状態への推移を表す確率を並べた行列である.$\boldsymbol{P}$ の n 乗が

$$P^n = \begin{bmatrix} Q^n & R_n \\ \hline 0 & U^n \end{bmatrix}$$

という形に書けることは，（数学的帰納法によって）容易に確かめられる．ここに，Q^n, U^n は，それぞれ Q と U の n 乗であるが，R_n は R の n 乗ではなくて，Q や U にも関係する量である．i, j が非再帰的な状態ならば，[定理 7.3] の [系 2] の証明中で述べたとおり

$$\sum_{n=1}^{\infty} Q^n(i,j) = \sum_{n=1}^{\infty} f(i,j)\{f(j,j)\}^{n-1}$$

は収束する．したがって，I を Q と同じ大きさの単位行列とするとき，$I-Q$ の逆行列 N が存在して

$$N = (I-Q)^{-1} = I + Q + Q^2 + Q^3 + \cdots \tag{7.39}$$

が成り立つ．N は有限マルコフ連鎖の**基本行列**とよばれることがある．式 (7.37) の解は N を使って

$$m = N\mathbf{1} \tag{7.40}$$

と書ける．

【例 7.9】[例 7.2] で優勝者が決定するまでの対局の回数の期待値を求めてみよう．この連鎖では，$T = \{AC, CB, BA\} \equiv \{1, 2, 3\}$ で

$$Q = \begin{bmatrix} 0 & r & 0 \\ 0 & 0 & q \\ p & 0 & 0 \end{bmatrix}$$

である．式 (7.37) に対応する式は

$$\begin{cases} m(1) = 1 + rm(2) \\ m(2) = 1 + qm(3) \\ m(3) = 1 + pm(1) \end{cases}$$

で，これを解いて $m(1)$ を求めると

$$m(1) = \frac{1 + r + rq}{1 - pqr}$$

となる．

　この問題では，N を計算してから $m(1)$ を求めるのは得策ではないが，後に述べるように，一般に N は他の目的にも使えるので計算してみよう．行列の掛け算を実行して Q^2, Q^3 を計算すると

となるから

$$N = \sum_{n=0}^{\infty} \boldsymbol{Q}^n = \sum_{n=0}^{\infty} \boldsymbol{Q}^{3n}(\boldsymbol{I}+\boldsymbol{Q}+\boldsymbol{Q}^2) = \sum_{n=0}^{\infty}(pqr)^n(\boldsymbol{I}+\boldsymbol{Q}+\boldsymbol{Q}^2)$$

$$= \frac{1}{1-pqr}(\boldsymbol{I}+\boldsymbol{Q}+\boldsymbol{Q}^2)$$

が得られる．ここで

$$\boldsymbol{I}+\boldsymbol{Q}+\boldsymbol{Q}^2 = \begin{bmatrix} 1 & r & rq \\ qp & 1 & q \\ p & pr & 1 \end{bmatrix}$$

である． □

7.4 推移確率に関する極限定理

[定理 7.3] の [系 2] で示したとおり，j が非再帰的な状態ならば，任意の $i \in S$ について，$n \to \infty$ のとき $P^{(n)}(i,j) \to 0$ となる．しかし，j が再帰的な状態の場合には，$P^{(n)}(i,j)$ は一定の極限に近づくとは限らない．つぎの定理は，$n \to \infty$ のときの $P^{(n)}(i,j)$ のふるまいと状態 j の平均再帰時間との関係を示すもので，次節の議論にとってきわめて重要なものである．

【定理 7.6】 j が正再帰的な状態ならば，つぎのことが成り立つ．

$$\lim_{n\to\infty} \frac{1}{n}\sum_{i=1}^{n} P^{(i)}(j,j) = \frac{1}{m(j,j)} \tag{7.41}$$

$$\lim_{n\to\infty} \frac{1}{n}\sum_{i=1}^{n} P^{(i)}(i,j) = f(i,j) \times \frac{1}{m(j,j)} \quad \text{(任意の } i \in S \text{ に対して)} \tag{7.42}$$

j が零再帰的な状態ならば，任意の i に対して

$$\lim_{n\to\infty} P^{(n)}(i,j) = 0 \tag{7.43}$$

この定理の厳密な証明は省略するが，つぎのように再生過程の理論と結びつけて考えると納得しやすいであろう．離散時間の連鎖に連続時間の再生過程を対応させることにし，連鎖が時刻 n に状態 k にあった ($X_n = k$) 場合には，時間 $n \leq t < n+1$ の間その状態 k にあったものと考え，また，連鎖が状態 j にきた時点を

再生点とみなすことにする.この再生過程を $\{N(t);\ t\geq 0\}$ とし,$E[N(t)]=m(t)$ とおく.

[定理7.3]の証明のところで述べたとおり,$\sum_{l=1}^{n}P^{(l)}(j,j)$ は状態 j から出発した連鎖が n 回の推移の間に状態 j にくる回数の期待値になっている.したがって

$$\lim_{n\to\infty}\frac{1}{n}\sum_{l=1}^{n}P^{(l)}(j,j)=\lim_{t\to\infty}\frac{m(t)}{t}$$

が成り立ち,再生過程の極限に関する式(6.19)から(7.41)の結果が得られる.

つぎに,式(7.42)について考えよう.上と同様にして,$R_n\equiv\sum_{l=1}^{n}P^{(l)}(i,j)/n$ は $X_0=i$ から出発した連鎖が n 回の推移の間に状態 j にくる回数の割合の期待値になっている.そして,最初に状態 j にくるまでの時間 T_j が有限な場合(それは確率 $f(i,j)$ で起こる)には,6章の最後で述べた(一般化再生過程に関する)注意により,$\lim_{n\to\infty}R_n$ は上記の $\lim_{t\to\infty}m(t)/t$ に一致する.また,$T_j=\infty$ の場合には,$\lim_{n\to\infty}R_n$ はもちろん 0 である.したがって,式(7.42)が成り立つ.最後に式(7.43)は,一般化再生過程に対する式(6.22)で $\mu=m(j,j)=\infty$ とおくことによって得られる.

7.5 定常分布と極限分布

この節では,十分に長い時間が経過した後に,マルコフ連鎖の状態の確率分布がどのようなものに近づいていくのかという問題を扱う.手始めに,電球の取り替えの問題([例7.4])を再びとり上げてみよう.

【例7.10】電球の取り替え;続き　この問題におけるマルコフ連鎖の推移確率行列は

$$\boldsymbol{P}=\begin{bmatrix}p_1 & q_1 & 0 & 0 & 0\\ p_2 & 0 & q_2 & 0 & 0\\ p_3 & 0 & 0 & q_3 & 0\\ p_4 & 0 & 0 & 0 & q_4\\ p_5 & 0 & 0 & 0 & 0\end{bmatrix} \tag{7.44}$$

という形に書き表された.観測開始後 n ヵ月目の取り替え後に状態 i にある電球の個数の期待値を $\nu_n(i)$ と書くことにすると,つぎの漸化式が成り立つことは容易にわかる.

7.5 定常分布と極限分布

$$\nu_n(1) = p_1\nu_{n-1}(1) + p_2\nu_{n-1}(2) + p_3\nu_{n-1}(3) + p_4\nu_{n-1}(4) + p_5\nu_{n-1}(5)$$
$$\nu_n(2) = q_1\nu_{n-1}(1)$$
$$\nu_n(3) = \qquad\qquad q_2\nu_{n-1}(2) \qquad\qquad\qquad (7.45)$$
$$\nu_n(4) = \qquad\qquad\qquad\qquad q_3\nu_{n-1}(3)$$
$$\nu_n(5) = \qquad\qquad\qquad\qquad\qquad q_4\nu_{n-1}(4)$$

この式の左辺に現れた5個の期待値をこの順番に横に並べてできる行ベクトルを ν_n と書くことにすると,式は簡単に

$$\nu_n = \nu_{n-1}P \qquad (n \geq 1) \qquad (7.46)$$

と書くこともできる.

初期条件 ν_0,すなわち,観測を始めるときに取り付けられている月齢別の電球の個数がわかれば,われわれは式(7.45)あるいは(7.46)を使って,ν_1,ν_2,… を逐次計算して求めることができる.2通りの初期条件を与えて実際に計算した結果の一部を表7.2に示す.これを見ると,初期条件の影響は徐々に

表7.2 電球の月齢分布(期待値)の変化(その1)　　電球の月齢分布(期待値)の変化(その2)

n	$\nu_n(1)$	$\nu_n(2)$	$\nu_n(3)$	$\nu_n(4)$	$\nu_n(5)$	n	$\nu_n(1)$	$\nu_n(2)$	$\nu_n(3)$	$\nu_n(4)$	$\nu_n(5)$
0	1000	0	0	0	0	0	500	300	200	0	0
1	30	970	0	0	0	1	233	485	238	44	0
2	201	29	770	0	0	2	332	226	385	53	5
3	612	195	23	170	0	3	408	322	179	85	6
4	226	594	155	5	20	4	299	396	255	40	10
5	274	220	471	34	1	5	334	290	314	56	5
6	452	266	174	104	4	6	369	324	231	69	8
7	300	438	211	39	12	7	325	358	257	51	8
8	310	291	348	47	4	8	337	316	284	57	6
9	386	301	231	77	5	9	353	327	250	63	7
10	327	374	239	51	9	10	335	342	260	55	7
11	327	317	297	53	6	11	339	325	272	57	7
12	359	317	252	66	6	12	346	329	258	60	7
13	336	348	252	56	8	13	339	336	261	57	7
14	335	326	277	56	6	14	340	329	266	58	7
15	348	325	259	61	7	15	343	330	261	59	7
16	340	338	258	57	7	16	340	333	262	58	7
17	338	330	268	57	7	17	341	330	264	58	7
18	344	828	262	59	7	18	342	331	262	58	7
19	341	334	261	58	7	19	341	332	262	58	7
20	340	331	265	57	7	20	341	331	263	58	7
21	342	330	262	59	7	21	342	331	262	58	7
22	341	332	262	58	7	22	341	331	263	58	7
23	341	331	264	58	7	23	341	331	263	58	7
24	342	330	263	58	7	24	341	331	263	58	7

薄れて，しだいに同一の月齢分布に近づいていくように思われる．実は，どのような初期条件を与えても，同一の月齢分布に近づいていくことが，以下に示す一般論によってわかるのである．また，電球の総数は常に 1000 個であるから，$\nu_n(i)/1000$ は，最初（$n=0$ のとき）に 1 つランダムに選んだ場所の電球が n ヵ月目の月末に状態 i にある確率に等しい．したがって，前述の事実は，マルコフ連鎖が時刻 n においてとる状態の確率分布が一定の極限に近づくと言い換えることもできる． □

一般に，推移確率行列が $\boldsymbol{P}$ のマルコフ連鎖が時刻 n に状態 i にある確率を $\pi_n(i)$ とし，$\boldsymbol{\pi}_n=(\pi_n(1), \pi_n(2), \cdots)$ と書くことにすると，$\boldsymbol{\pi}_n$ は式 (7.46) とまったく同じ形の漸化式

$$\boldsymbol{\pi}_n = \boldsymbol{\pi}_{n-1}\boldsymbol{P} \qquad (n \geq 1) \tag{7.47}$$

を満たす．式 (7.47) を繰り返し適用することによって

$$\boldsymbol{\pi}_n = \boldsymbol{\pi}_0 \boldsymbol{P}^n \tag{7.48}$$

が得られる（この式は，n ステップ推移確率行列が $\boldsymbol{P}^n$ で与えられることを使えば，実はただちに書き下せるものであった）．n を無限に大きくしたときに $\boldsymbol{\pi}_n$ が $\boldsymbol{\pi}_0$ に無関係な極限分布（それを $\boldsymbol{\pi}$ と書くことにする）に近づくとすれば，式 (7.47) から

$$\boldsymbol{\pi} = \boldsymbol{\pi}\boldsymbol{P} \tag{7.49}$$

が成り立つはずである．これを**平衡方程式**という．また，式 (7.48) から $\boldsymbol{P}^n$ は一定の極限に収束するはずで，その極限を $\boldsymbol{P}^{(\infty)}$ と書くことにすると

$$\boldsymbol{\pi} = \boldsymbol{\pi}_0 \boldsymbol{P}^{(\infty)} \tag{7.50}$$

が成り立たなければならない．そして，式 (7.50) が $\boldsymbol{\pi}_0$ のいかんによらずに成立するためには，$\boldsymbol{P}^{(\infty)}$ の任意の列の要素はすべて等しくなくてはならない．すなわち

$$\boldsymbol{P}^{(\infty)} = \begin{bmatrix} v_1 & v_2 & \cdot & \cdot \\ v_1 & v_2 & \cdot & \cdot \\ v_1 & v_2 & \cdot & \cdot \\ \vdots & \vdots & \vdots & \vdots \end{bmatrix} \tag{7.51}$$

$\boldsymbol{P}^{(\infty)}$ がこのような形になったとすると，その第 j 列に並んでいる数値 v_j が $\boldsymbol{\pi}$ の第 j 成分 $\pi(j)$ に等しいことが式 (7.50) から導かれる．すなわち

$$\boldsymbol{\pi} = (v_1, v_2, \cdots) \tag{7.52}$$

である．試みに，電球の取り替えの例について $\boldsymbol{P}^2, \boldsymbol{P}^4, \boldsymbol{P}^8, \boldsymbol{P}^{16}, \boldsymbol{P}^{32}$ を 5 けたの

7.5 定常分布と極限分布

精度で計算してみると

$$P^2 = \begin{bmatrix} 0.20090 & 0.02910 & 0.77000 & 0.00000 & 0.00000 \\ 0.62474 & 0.20000 & 0.00000 & 0.17526 & 0.00000 \\ 0.21818 & 0.75584 & 0.00000 & 0.00000 & 0.02597 \\ 0.14412 & 0.85588 & 0.00000 & 0.00000 & 0.00000 \\ 0.03000 & 0.97000 & 0.00000 & 0.00000 & 0.00000 \end{bmatrix}$$

$$P^4 = \begin{bmatrix} 0.22654 & 0.59367 & 0.15469 & 0.00510 & 0.02000 \\ 0.27572 & 0.20818 & 0.48105 & 0.03505 & 0.00000 \\ 0.51682 & 0.18271 & 0.16800 & 0.13247 & 0.00000 \\ 0.56366 & 0.17537 & 0.11097 & 0.15000 & 0.00000 \\ 0.61203 & 0.19487 & 0.02310 & 0.17000 & 0.00000 \end{bmatrix}$$

$$P^8 = \begin{bmatrix} 0.31007 & 0.29114 & 0.34764 & 0.04662 & 0.00453 \\ 0.38823 & 0.30106 & 0.22750 & 0.07768 & 0.00551 \\ 0.32895 & 0.39878 & 0.21077 & 0.05116 & 0.01034 \\ 0.31795 & 0.41772 & 0.20684 & 0.04622 & 0.01127 \\ 0.30014 & 0.43794 & 0.21117 & 0.03851 & 0.01224 \end{bmatrix}$$

$$P^{16} = \begin{bmatrix} 0.33971 & 0.33802 & 0.25790 & 0.05719 & 0.00718 \\ 0.33845 & 0.32926 & 0.26864 & 0.05693 & 0.00671 \\ 0.34552 & 0.32578 & 0.26227 & 0.05986 & 0.00657 \\ 0.34688 & 0.32505 & 0.26110 & 0.06043 & 0.00654 \\ 0.34847 & 0.32489 & 0.25903 & 0.06107 & 0.00654 \end{bmatrix}$$

$$P^{32} = \begin{bmatrix} 0.34126 & 0.33106 & 0.26285 & 0.05800 & 0.00683 \\ 0.34132 & 0.33102 & 0.26280 & 0.05803 & 0.00682 \\ 0.34131 & 0.33109 & 0.26275 & 0.05803 & 0.00683 \\ 0.34131 & 0.33110 & 0.26273 & 0.05802 & 0.00683 \\ 0.34130 & 0.33112 & 0.26272 & 0.05802 & 0.00683 \end{bmatrix}$$

となり，確かに上記の形に近づいていくし，この各列に並んでいる数値を1000倍したものは，表7.2の一番下の行の数値とほぼ一致している．

さて，平衡方程式 (7.49) を満たす確率分布 π が存在するならば，それをこのマルコフ連鎖の**定常分布** (stationary distribution) という．また，$n \to \infty$ とするときに P^n が式 (7.51) の形の極限に近づくならば，$(v_1, v_2, \cdots)$ のことをこの連鎖の**極限分布** (long-run distribution) という．上の議論から明らかなとおり，あ

るマルコフ連鎖に極限分布が存在すれば，それは定常分布にもなっているが，つぎの簡単な例でわかるとおり，定常分布が存在しても，極限分布が存在するとは限らないことに注意しよう．

【例 7.11】周期的マルコフ連鎖 2つの状態だけからなり，推移確率行列が

$$P = \begin{pmatrix} 0 & 1 \\ 1 & 0 \end{pmatrix}$$

であるマルコフ連鎖を考えよう．これは周期が2の連鎖で，$P^2 = I$（単位行列）であるから，n が奇数ならば $P^n = P$，n が偶数ならば $P^n = I$ となり，P^n は一定の極限に近づかない．しかし，$\boldsymbol{\pi} = (0.5, 0.5)$ は平衡方程式 (7.49) を満たす確率分布である．すなわち，この連鎖には極限分布は存在しないが，定常分布は存在する． □

つぎに，定常分布および極限分布が存在するための条件を考えてみよう．まず，平衡方程式 (7.49) を満たす $\boldsymbol{\pi}$ は，任意の n について

$$\boldsymbol{\pi} = \boldsymbol{\pi} P^n \tag{7.53}$$

を満たすことに注意しよう．

j を非再帰的または零再帰的な状態とすると，[定理7.3] の [系1] および [定理7.6] により，任意の i について $P^{(n)}(i,j) \to 0$（$n \to \infty$ のとき）であるから，式 (7.53) を満たす $\boldsymbol{\pi}$ の第 j 成分 $\pi(j)$ は 0 に等しくなくてはならない．したがって，マルコフ連鎖のどの状態も非再帰的または零再帰的のいずれかである場合には，式 (7.53) を満たす $\boldsymbol{\pi}$ は $\boldsymbol{\pi} = \boldsymbol{0}$ 以外にはありえない．それゆえこの場合には定常分布は存在せず，したがって，また極限分布も存在しない．そこで以下正再帰的な状態が存在する場合を考える．

マルコフ連鎖の状態の集合 S が正再帰的な集合 S_1 とそれ以外の状態の集合 S_2 とからなる場合には，S_1 に属する状態を S_2 に属する状態より先に並べることにすれば，推移確率行列 P はつぎの形に書ける（正再帰的な同値類はいずれも閉じているので，それらが複数個あったとしても，S_1 はやはり閉じていることに注意しよう）．

$$\begin{array}{c} \\ S_1 \\ S_2 \end{array} \begin{array}{c} S_1 \quad S_2 \\ \left[\begin{array}{c|c} \boldsymbol{P}_1 & \boldsymbol{0} \\ \hline \boldsymbol{Q} & \boldsymbol{R} \end{array} \right] \end{array} = \boldsymbol{P} \tag{7.54}$$

ここで，$\boldsymbol{P}_1$ は S_1 に属する状態間の推移を表すもので，それ自身で1つの推移確率行列になっている．$\boldsymbol{P}$ を式 (7.54) の形に分割して書いたのに応じて，$\boldsymbol{\pi}$ も

7.5 定常分布と極限分布

$(\boldsymbol{\pi}_1 : \boldsymbol{\pi}_2)$ と分割して書くことにすると，平衡方程式 (7.49) から

$$\boldsymbol{\pi}_1 = \boldsymbol{\pi}_1 \boldsymbol{P}_1 + \boldsymbol{\pi}_2 \boldsymbol{Q}$$
$$\boldsymbol{\pi}_2 = \boldsymbol{\pi}_2 \boldsymbol{R}$$

が得られる．ところが，上で述べたとおり $\boldsymbol{\pi}_2 = \boldsymbol{0}$ であるから，結局

$$\boldsymbol{\pi}_1 = \boldsymbol{\pi}_1 \boldsymbol{P}_1$$

となる．このことから，もとのマルコフ連鎖に正再帰的でない状態が含まれている場合には，それらの状態をすべて除去して得られるマルコフ連鎖についての平衡方程式を考察すれば十分であることがわかる．そこで，これからしばらくは，正再帰的な状態のみからなるマルコフ連鎖を考える．

正再帰的な同値類はすべて閉じているから，1つのマルコフ連鎖に2つ以上の同値類が含まれている場合には，連鎖の推移確率行列 $\boldsymbol{P}$ は

$$\boldsymbol{P} = \begin{bmatrix} \boldsymbol{P}_1 & \boldsymbol{0} & \boldsymbol{0} \cdots \\ \boldsymbol{0} & \boldsymbol{P}_2 & \boldsymbol{0} \cdots \\ \boldsymbol{0} & \boldsymbol{0} & \ddots \\ \vdots & \vdots & \end{bmatrix} \qquad (7.55)$$

の形に分割して書ける．ここで $\boldsymbol{P}_1, \boldsymbol{P}_2, \cdots$ は各同値類のなかでの推移確率を表す行列である．この分割に対応して $\boldsymbol{\pi} = (\boldsymbol{\pi}_1 : \boldsymbol{\pi}_2 : \cdots)$ と分割すると，平衡方程式 (7.49) は

$$\boldsymbol{\pi}_1 = \boldsymbol{\pi}_1 \boldsymbol{P}_1, \qquad \boldsymbol{\pi}_2 = \boldsymbol{\pi}_2 \boldsymbol{P}_2, \cdots \qquad (7.56)$$

と同値類ごとに分離した形に書ける．

(7.56) の各方程式を互いに独立した平衡方程式とみなしたとき，それぞれを満たす定常確率分布 $\boldsymbol{\pi}_1, \boldsymbol{\pi}_2, \cdots$ が存在するならば

$$\boldsymbol{\pi}_w = (w_1 \boldsymbol{\pi}_1 : w_2 \boldsymbol{\pi}_2 : \cdots) \qquad (7.57)$$

は $w_1, w_2, \cdots$ が非負でその和が1に等しい限り，推移確率行列 $\boldsymbol{P}$ に対する定常確率分布となる．

したがって，もとのマルコフ連鎖に対する定常確率分布が存在するかどうかという問題は，正再帰的な同値類1つだけからなる（すなわち既約な）マルコフ連鎖に定常分布が存在するかどうかという問題に帰着された．また，極限分布についてみれば，同値類が2つ以上あれば極限分布が存在しないことは明らかである．それは，$\boldsymbol{P}$ が式 (7.55) の形をしているならば

$$P^n = \begin{bmatrix} P_1^n & 0 & 0\cdots \\ \hline 0 & P_2^n & 0\cdots \\ \hline 0 & 0 & \ddots \\ \vdots & \vdots & \end{bmatrix}$$

となり，P^n が式 (7.51) の形の極限 $P^{(\infty)}$ に近づくとすれば，$P^{(\infty)}=0$ 以外にはありえないからである．

さて，正再帰的な状態のみからなる既約なマルコフ連鎖を考え，その推移確率行列を P とする．i,j を任意の状態とすると，$f(i,j)=1$ であるから，[定理 7.6] により

$$v(j) \equiv \lim_{n\to\infty} \frac{1}{n} \sum_{l=1}^{n} P^{(l)}(i,j) = \frac{1}{m(j,j)} \tag{7.58}$$

が成り立つ．

【定理 7.7】 $v=(v(1), v(2), \cdots)$ は，既約で正再帰的なマルコフ連鎖の定常分布である．また，これ以外の定常分布は存在しない．

【証明】すべての j について $v(j)=1/m(j,j)>0$ で，また

$$\sum_{j\in S} v(j) = \sum_{j\in S} \lim_{n\to\infty} \frac{1}{n} \sum_{l=1}^{n} P^{(l)}(i,j)$$
$$= \lim_{n\to\infty} \frac{1}{n} \sum_{l=1}^{n} \sum_{j\in S} P^{(l)}(i,j)$$
$$= \lim_{n\to\infty} \frac{1}{n} \sum_{l=1}^{n} 1$$
$$= 1$$

であるから，$v=(v(1), v(2), \cdots)$ は確率分布である．つぎに

$$\sum_{j\in S} v(j) P(j,k) = \sum_{j\in S} \left\{ \lim_{n\to\infty} \frac{1}{n} \sum_{l=1}^{n} P^{(l)}(i,j) \right\} P(j,k)$$
$$= \lim_{n\to\infty} \frac{1}{n} \sum_{l=1}^{n} \sum_{j\in S} P^{(l)}(i,j) P(j,k)$$
$$= \lim_{n\to\infty} \frac{1}{n} \sum_{l=1}^{n} P^{(l+1)}(i,k)$$
$$= \lim_{n\to\infty} \frac{1}{n+1} \left\{ \sum_{l=1}^{n+1} P^{(l)}(i,k) - P(i,k) \right\}$$
$$= v(k)$$

が成り立つから，v は平衡方程式 (7.49) の解である．以上により，v は定常分布である．

つぎに，v 以外の定常分布は存在しないことを証明しよう．定常分布 π は式 (7.53) を満たすから，これを $n=1, 2, \cdots$ について加えて平均をとって得られる式

$$\pi = \pi \frac{1}{n} \sum_{l=1}^{n} P^l$$

を満たすはずである．この式を成分ごとに書けば

$$\pi(j) = \sum_{i \in S} \pi(i) \frac{1}{n} \sum_{l=1}^{n} P^{(l)}(i,j)$$

となり，両辺の極限 $(n \to \infty)$ をとれば

$$\pi(j) = \sum_{i \in S} \pi(i) v(j) = v(j)$$

が得られる．

つぎに，既約で正再帰的なマルコフ連鎖が極限分布をもつための条件について考えてみよう．すでに述べたとおり，極限分布が存在するならば，P^n は式 (7.51) の形の極限に収束する．その場合には，式 (7.58) から，任意の i, j について

$$\lim_{n \to \infty} P^{(n)}(i,j) = v(j) = 1/m(j,j) \tag{7.59}$$

となり，$v = (v(1), v(2), \cdots)$ が唯一の極限分布となる．われわれはすでに周期的なマルコフ連鎖では P^n が一定の極限に収束しないという例をみている．このことは一般的にも正しいのであって，実際，つぎの定理が成り立つことが知られている．

【定理 7.8】既約で正再帰的なマルコフ連鎖の任意の状態を i, j とする．もし連鎖が非周期的ならば

$$\lim_{n \to \infty} P^{(n)}(i,j) = 1/m(j,j) \tag{7.60}$$

が成り立つ．また，連鎖の周期が $d \geq 2$ ならば，$P^{(n)}(i,j)$ は収束しない．

しかし，つぎのことはいえる：
$P^{(l)}(i,j) > 0$ となる l の最小値を l_{ij} と書くことにすると

$$\lim_{n \to \infty} P^{(l+nd)}(i,j) = \begin{cases} d/m(j,j) & (l = l_{ij} \text{ のとき}) \\ 0 & (\text{その他のとき}) \end{cases} \tag{7.61}$$

である．

極限分布について，以上で述べたことをまとめるとつぎのようになる．

【定理 7.9】マルコフ連鎖に極限分布が存在するための必要十分条件は，その連鎖が既約で，正再帰的かつ非周期的であることである．このとき，平

衡方程式の解 $\boldsymbol{\pi}$ が極限分布となり，その第 j 成分 $\pi(j)$ は状態 j の平均再帰時間 $m(j, j)$ の逆数に等しい．

【例 7.12】銘柄選択；続き　7.1 節の［例 7.1］で述べた銘柄選択のマルコフ連鎖は，正再帰的な同値類 1 つだけからなるので，定常分布および極限分布 $\boldsymbol{\pi} = (\pi(1), \pi(2), \pi(3), \pi(4))$ が存在し，それは平衡方程式 $\boldsymbol{\pi} = \boldsymbol{\pi} P$，すなわち

$$\pi(1) = 0.90\pi(1) + 0.10\pi(2) + 0.08\pi(3) + 0.10\pi(4)$$
$$\pi(2) = 0.05\pi(1) + 0.80\pi(2) + 0.10\pi(3) + 0.10\pi(4)$$
$$\pi(3) = 0.03\pi(1) + 0.05\pi(2) + 0.80\pi(3) + 0.10\pi(4)$$
$$\pi(4) = 0.02\pi(1) + 0.05\pi(2) + 0.02\pi(3) + 0.70\pi(4)$$

を満たす．

$\pi(1) + \pi(2) + \pi(3) + \pi(4) = 1$ という条件を付け加えてこれを解くと

$$\boldsymbol{\pi} = (0.482, 0.253, 0.179, 0.086)$$

となる．すなわち，長い期間の後には，銘柄 A, B, C, D のシェアはほぼ 48%，25%，18%，および 9% となる（ただし，このようなシェアとしての解釈が正しいかどうかは，長期間にわたって推移確率行列が一定である，すなわち時間的に斉次である，各人のビールを買う頻度と 1 回の購買量が同じである等の条件が成り立つかどうかに関係してくる）．　□

有限マルコフ連鎖の場合　状態の個数が有限なマルコフ連鎖における定常分布および極限分布は，推移確率行列の固有値および固有ベクトルと関係している．その関係をここで述べておく．ただし，実際的な問題で定常分布および極限分布を求める場合には，上で述べたように，平衡方程式を解けばよいのであって，一般的な固有値問題を解くことはめったにない．

上の一般論で述べたように，連鎖が既約な場合を考えれば十分であるから，以後そのようにする．まず，電球の取り替えの例で出てきた漸化式 (7.45) を考えよう．初期条件が数値ではなく文字で与えられているものとすると，式 (7.45) を解くには，［例 7.7］のランダム・ウォークの問題を解いたときと同様にして，差分方程式の解法を使うことになる．すなわち

$$\nu_n(j) = c_j \lambda^n \quad (\lambda \neq 0), \quad (1 \leq j \leq 5)$$

とおいて式 (7.45) に代入し，λ^{n-1} で全部の式の両辺を割ると

$$c_1 \lambda = p_1 c_1 + p_2 c_2 + p_3 c_3 + p_4 c_4 + p_5 c_5$$
$$c_2 \lambda = q_1 c_1$$

$$c_3\lambda = q_2 c_2$$
$$c_4\lambda = q_3 c_3$$
$$c_5\lambda = q_4 c_4$$

が得られる。これを，行ベクトル $\boldsymbol{c}=(c_1, c_2, \cdots, c_5)$ と式 (7.44) の推移確率行列 $\boldsymbol{P}$ を使って書くと

$$\lambda \boldsymbol{c} = \boldsymbol{c}\boldsymbol{P} \tag{7.62}$$

となる。$\boldsymbol{c}$ は零ベクトルではないから，式 (7.62) が成立するためには，λ は固有方程式

$$|\lambda \boldsymbol{I} - \boldsymbol{P}| = 0 \tag{7.63}$$

の根でなくてはならない ($\boldsymbol{I}$ は5次の単位行列)。すなわち，λ は $\boldsymbol{P}$ の固有値にほかならない。$\boldsymbol{P}$ の固有値を $\lambda_1, \lambda_2, \cdots, \lambda_5$ とすると，それらがすべて異なっていれば，$\nu_n(i)$ は一般に

$$\nu_n(j) = c_{j1}\lambda_1^n + c_{j2}\lambda_2^n + \cdots + c_{j5}\lambda_5^n \quad (1 \leq j \leq 5) \tag{7.64}$$

という形に書ける。また，たとえば λ_2 が λ_1 と等しければ，上記の右辺の第2項を $nc_{j2}\lambda_2^n$ と書き替えればよく，さらに λ_3 も λ_1 に等しい場合には，式 (7.64) の右辺の第3項を $n^2 c_{j3}\lambda_3^n$ と書き替えればよい。いずれの場合にも，$c_{j1}, \cdots, c_{j5}$ は，初期条件から定めるべき未定係数である。したがって，$\nu_n(j)$ が $n \to \infty$ のとき初期条件に関係ない一定の極限に近づくためには，すべての固有値の絶対値は1以下でなくてはならず，さらに，絶対値が1に等しい固有値の中に等しいものがあってはならないことは容易にわかる。しかし，それだけの条件では十分でない。なぜなら，固有値の中に1以外で絶対値が1に等しいもの，すなわち

$$\lambda = e^{i\theta} = \cos\theta + i\sin\theta \quad (0 < \theta < 2\pi)$$

と書けるものがあると

$$\lambda^n = e^{ni\theta} = \cos n\theta + i\sin n\theta$$

となり，これは，$n \to \infty$ のとき一定の極限値に近づかないからである。

一方，$\boldsymbol{P}$ には $\lambda = 1$ という固有値があることはつぎのようにしてわかる。$\boldsymbol{P}$ の行和はすべて1に等しいから，固有方程式 (7.63) 中の行列 $[\lambda \boldsymbol{I} - \boldsymbol{P}]$ のすべての行和は $\lambda - 1$ に等しく，したがって，$\lambda = 1$ は固有値である。

以上により，$\nu_n(j)$ が初期条件に無関係な極限値に収束するための必要十分条件は，行列 $\boldsymbol{P}$ の固有値1が単純* で，他のすべての固有値の絶対値が1より小

---

* 固有方程式 (7.63) の単根であること。

さいことであることがわかった．また，以上の議論では，推移確率行列 P が式 (7.44) という特別な形をしていることはいっさい使っていないので，上の結論は，任意のマルコフ連鎖について成り立つものであることに注意しよう．さらに，平衡方程式 (7.49) は，上記の式 (7.62) で $\lambda=1, c=\pi$ とおいたものになっているから，平衡方程式の解 π というのは，実は P の固有値 1 に対応する固有ベクトルなのである*．

さて，推移確率行列の固有値の性質が重要であることがわかったが，これに関しては代数学で有名なペロン-フロベニウスの定理がある．これは，要素がすべて非負の (しかし行和は 1 に等しいとは限らない) 行列の固有値に関する定理であるが，ここでは，当面の目的に即した形で述べる．

【定理 7.10】P を既約な有限マルコフ連鎖の推移確率行列とすると，つぎのことが成り立つ．
(1) P は固有値 1 をもち，それは単純である．他のすべての固有値は絶対値が 1 以下である．
(2) P の固有値 1 に対応する固有ベクトル，すなわち方程式
$$\pi P = \pi$$
の解 π の成分はすべて正にとることができる (いいかえると，π の成分の和が 1 に等しいという条件を付け加えて上の方程式を解くと，π の成分は必然的にすべて正となる)．
(3) P の絶対値が 1 に等しい固有値の個数を m とすると，それらの固有値は 1 の m 乗根，すなわち
$$e^{2\pi i k/m} \quad (k=0,1,\cdots,m-1)$$
に等しい**．
(4) $\lambda=1$ 以外の P の固有値の絶対値がすべて 1 より小さい*** ための必要十分条件は，P^k の要素がすべて正となるような自然数 k が存在することである．

---

* 解析学では，$Px=\lambda x$ を満たす列 (縦) ベクトルを固有ベクトルとして学んだかもしれないが，ここで π は行 (横) ベクトルであり，したがって，π は P の左側から掛けることに注意せよ．
** $\lambda=1$ を含めて絶対値 1 の固有値 m 個を複素平面上にプロットすると，それらは原点を中心とする単位円上に等間隔に並ぶ．
*** このとき，P は**原始的** (primitive) であるという．

この定理により結局，既約な有限マルコフ連鎖が非周期的で，したがって，極限分布をもつかどうかは，その推移確率行列 P が**原始的**であるかどうかによることがわかったが，(4) を使ってそれを判定するためには，P が原始的なときに P^k の要素がすべて正となる自然数 k の最小値の上界がわかっていることが望ましい．P の次数を l とすると，l^2-2l+2 がそのような上界の 1 つであることが知られている．したがって，$k=1,2,\cdots$ について順次 P^k の要素の符号を調べていき，どこかですべてが正となれば P は原始的と判定し，一方，$k=l^2-2l+2$ までのすべての P^k を調べても要素の符号がすべて正のものがなければ，P は原始的でないと判定すればよい．

──────────────────────────── **練 習 問 題**

7.1 つぎの各推移確率行列をもつマルコフ連鎖の状態を相互到達可能性 ($\leftrightarrow$) によって同値類に分け，各類の周期 d および再帰性を調べよ．

(a)
$$\begin{bmatrix} 0.2 & 0 & 0.8 & 0 & 0 \\ 0.4 & 0.3 & 0.3 & 0 & 0 \\ 0.7 & 0 & 0 & 0.3 & 0 \\ 0 & 0 & 1 & 0 & 0 \\ 0 & 0.5 & 0 & 0.1 & 0.4 \end{bmatrix}$$

(b)
$$\begin{bmatrix} 0.5 & 0 & 0 & 0 & 0.5 \\ 0.3 & 0.7 & 0 & 0 & 0 \\ 0 & 0 & 0.4 & 0.6 & 0 \\ 0 & 0 & 1 & 0 & 0 \\ 0 & 1 & 0 & 0 & 0 \end{bmatrix}$$

(c)
$$\begin{bmatrix} 0 & 0.2 & 0.3 & 0 & 0.5 & 0 & 0 \\ 0 & 0 & 1 & 0 & 0 & 0 & 0 \\ 0 & 1 & 0 & 0 & 0 & 0 & 0 \\ 0 & 0 & 0.1 & 0.9 & 0 & 0 & 0 \\ 0.4 & 0 & 0 & 0 & 0 & 0.6 & 0 \\ 0 & 0 & 0 & 0 & 0 & 0 & 1 \\ 0.3 & 0 & 0 & 0 & 0 & 0.7 & 0 \end{bmatrix}$$

(d)
$$\begin{bmatrix} 0.5 & 0 & 0 & 0 & 0 & 0.2 & 0.3 \\ 0 & 0 & 0 & 0 & 1 & 0 & 0 \\ 0 & 0 & 1 & 0 & 0 & 0 & 0 \\ 0 & 0 & 0 & 0 & 0 & 0 & 1 \\ 0 & 0.7 & 0 & 0 & 0 & 0.3 & 0 \\ 0 & 0 & 0 & 0 & 1 & 0 & 0 \\ 0 & 0 & 0 & 1 & 0 & 0 & 0 \end{bmatrix}$$

7.2 問題 1 の (a) の推移確率行列をもつマルコフ連鎖について，つぎの問に答えよ．

(1) 状態を非再帰的状態の集合 T と再帰的状態の集合 $S-T$ に分類せよ．

(2) 推移確率行列を式 (7.38) の形に書き替えよ．

(3) 基本行列 N を求めよ．

(4) T に属する各状態 i について，そこから出発して T を抜け出すまでの推移の回数の期待値 $m(i)$ を求めよ．

7.3 $S=\{0,1,2,\cdots,K\}$ 上のランダム・ウォークを考える．両端 $0,K$ は吸収壁とし，中

間の状態から1回の推移で右隣りへ移る確率を p, 左隣りへ移る確率を $q=1-p$ とする．$p\neq q$ と仮定する．
(1) $f(i,0)$ および $f(i,K)$ $(1\leq i\leq K-1)$ を求めよ．
(2) 状態 i から出発していずれかの吸収壁に到達するまでの推移回数の期待値 $m(i)$ を求めよ．

7.4 状態数が有限で，非再帰的状態の集合 T および再帰的状態の集合 $S-T$ が両方とも空集合でないマルコフ連鎖を考える．さらに，再帰的状態はひとつひとつが閉じているものとする(1つで閉じている状態は，**吸収状態**とよばれる)．7.3.2項の記号を使うものとして，つぎの各問に答えよ．
(1) $i\in T$ から出発した連鎖が $j\in S-T$ に吸収される確率 $f(i,j)$ を並べてできる行列を $\boldsymbol{F}$ とすると
$$\boldsymbol{F}=\boldsymbol{NR}$$
が成り立つことを示せ．
(2) $i\in T$ から出発して $S-T$ に属するいずれかの状態に吸収されるまでの時間の(原点のまわりの)2次モーメントを $m^{(2)}(i)$ とし，$m^{(2)}(i)$ $(i\in T)$ を並べてできる列ベクトルを $\boldsymbol{m}^{(2)}$ とすると
$$\boldsymbol{m}^{(2)}=\boldsymbol{N}(2\boldsymbol{m}-\boldsymbol{1})$$
が成り立つことを示せ．
(3) [例7.2] および [例7.8] で扱った囲碁の優勝者決定戦の連鎖について，$\boldsymbol{F}$ を求めよ．また，$p=q=r=1/2$ の場合の $\boldsymbol{m}^{(2)}$ を求めよ．

7.5 相互に到達可能な状態 i,j の周期 $d(i),d(j)$ は等しいこと ([定理7.2]) を下記の手順に従って証明せよ．
(1) $P^{(l)}(i,j)>0$, $P^{(m)}(j,j)>0$, $P^{(n)}(j,i)>0$ とする．
(2) $P^{(2m)}(j,j)>0$ が成り立つことを示せ．
(3) $P^{(l+m+n)}(i,i)>0$ および $P^{(l+2m+n)}(i,i)>0$ を示せ．
(4) $d(i)$ で $(l+2m+n)-(l+m+n)=m$ が割り切れることを示せ．
(5) $d(i)$ で $d(j)$ が割り切れることを示せ．
(6) $d(i)=d(j)$ を導け．

7.6 問題7.1の(b)の連鎖について，極限分布および定常分布が存在するかどうかを判定し，存在すればそれを求めよ．

7.7 (エーレンフェストのモデル) つぼの中に赤球と白球が合わせて a 個入っている．この中から1個の球をランダムにとり出し，その色と反対の色の球をつぼに入れるという操作を無限に繰り返す．n 回目の操作後につぼの中に入っている赤球の個数を X_n とすると，$\{X_n; n\geq 0\}$ は $\{0,1,2,\cdots,a\}$ を状態空間とするマルコフ連鎖になる．
(1) この連鎖の推移確率行列を書け．

(2) 極限分布および定常分布が存在するかどうかを調べ，存在するならば，それを求めよ．

7.8 推移確率行列の任意の列の要素の和が1に等しいとき，この行列は2重確率的 (doubly stochastic) であるといわれる．状態の個数 a が有限で，既約，非周期的なマルコフ連鎖の推移確率行列 $\boldsymbol{P}$ が2重確率的ならば，極限分布 $\boldsymbol{\pi}$ が存在して
$$\pi(1)=\pi(2)=\cdots=\pi(a)=1/a$$
であることを示せ．

付　　録

A　ラプラス変換

　ラプラス変換の詳細については，高橋　賞ほか『応用数学の基本』(朝倉書店，1995) を，また諸公式については，たとえば，森口繁一ほか『岩波数学公式 II —— 級数・フーリエ解析』(岩波書店，1987) を参照してもらうこととして，ここでは，本書で使用したものを中心にして，簡単な性質と公式だけを挙げておく．

　関数 $f(t)$ はつぎの性質をすべて満たすものとする．

（ⅰ）$t<0$ では $f(t)=0$
（ⅱ）$t=0$ に右側から近づいたときの極限値が存在する．これを $f(+0)$ と書くことにする．
（ⅲ）$t>0$ では区分的に連続で，不連続点では右側と左側から近づいたときの極限値がともに存在する．
（ⅳ）下記の積分がある実数 z に対して収束する．

$$\tilde{f}(z)=\int_0^\infty f(t)\mathrm{e}^{-zt}\mathrm{d}t$$

　このとき，$\tilde{f}(z)$ のことを $f(t)$ のラプラス変換という（ラプラス変換を扱った教科書では，z の代わりに s を使うことが多いが，本書では都合により z を使う．z は複素数ではないことに注意）．以下では，$f(t)$ のラプラス変換が $\tilde{f}(z)$ であることを簡単に

$$f(t) \rightarrow \tilde{f}(z)$$

と書くことにする．

ラプラス変換の性質

(1) 線形性
$$Af(t)+Bg(t) \rightarrow A\tilde{f}(z)+B\tilde{g}(z) \qquad (A, B \text{ は定数})$$

(2) 微分 → 掛け算
$$\frac{\mathrm{d}}{\mathrm{d}t}f(x) \to z\tilde{f}(z) - f(+0)$$

(3) 積分 → 割り算
$$\int_0^t f(u)\mathrm{d}u \to \frac{1}{z}\tilde{f}(z)$$

(4) 掛け算 → 微分
$$tf(t) \to -\frac{\mathrm{d}}{\mathrm{d}z}\tilde{f}(z)$$
$$t^n f(t) \to \left(-\frac{\mathrm{d}}{\mathrm{d}z}\right)^n \tilde{f}(z)$$

(5) 割り算 → 積分
$$\frac{1}{t}f(t) \to \int_z^\infty \tilde{f}(u)\mathrm{d}u$$

(6) 線形変換
$$f(at) \to \frac{1}{a}\tilde{f}\left(\frac{z}{a}\right) \quad (a>0)$$
$$f(t-b) \to \mathrm{e}^{-bz}\tilde{f}(z) \quad (b>0)$$
$$\mathrm{e}^{ct}f(t) \to \tilde{f}(z-c)$$

(7) たたみ込み → 積
$$\int_0^t f(t-u)g(u)\mathrm{d}u \to \tilde{f}(z)\tilde{g}(z)$$

簡単な関数のラプラス変換

$f(t)$	$\tilde{f}(z)$	$f(t)$	$\tilde{f}(z)$
1	$\dfrac{1}{z}$	$\dfrac{t^{n-1}\mathrm{e}^{-at}}{(n-1)!}$	$\dfrac{1}{(z+a)^n}$
t	$\dfrac{1}{z^2}$	$\sin bt$	$\dfrac{b}{z^2+b^2}$
$\dfrac{t^{n-1}}{(n-1)!}$	$\dfrac{1}{z^n}$	$\cos bt$	$\dfrac{z}{z^2+b^2}$
e^{-at}	$\dfrac{1}{z+a}$	$\mathrm{e}^{-at}\sin bt$	$\dfrac{b}{(z+a)^2+b^2}$
$t\mathrm{e}^{-at}$	$\dfrac{1}{(z+a)^2}$	$\mathrm{e}^{-at}\cos bt$	$\dfrac{z+a}{(z+a)^2+b^2}$

(n は自然数, a は正数, b は任意の実数)

B 標準正規分布の上側確率 $1-\Phi(x)$

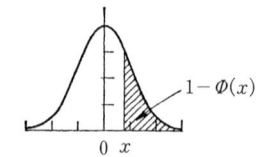

x	*=0	1	2	3	4	5	6	7	8	9
0.0*	.5000	.4960	.4920	.4880	.4840	.4801	.4761	.4721	.4681	.4641
0.1*	.4602	.4562	.4522	.4483	.4443	.4404	.4364	.4325	.4286	.4247
0.2*	.4207	.4168	.4129	.4090	.4052	.4013	.3974	.3936	.3897	.3859
0.3*	.3821	.3783	.3745	.3707	.3669	.3632	.3594	.3557	.3520	.3483
0.4*	.3446	.3409	.3372	.3336	.3300	.3264	.3228	.3192	.3156	.3121
0.5*	.3085	.3050	.3015	.2981	.2946	.2912	.2877	.2843	.2810	.2776
0.6*	.2743	.2709	.2676	.2643	.2611	.2578	.2546	.2514	.2483	.2451
0.7*	.2420	.2389	.2358	.2327	.2296	.2266	.2236	.2206	.2177	.2148
0.8*	.2119	.2090	.2061	.2033	.2005	.1977	.1949	.1922	.1894	.1867
0.9*	.1841	.1814	.1788	.1762	.1736	.1711	.1685	.1660	.1635	.1611
1.0*	.1587	.1562	.1539	.1515	.1492	.1469	.1446	.1423	.1401	.1379
1.1*	.1357	.1335	.1314	.1292	.1271	.1251	.1230	.1210	.1190	.1170
1.2*	.1151	.1131	.1112	.1093	.1075	.1056	.1038	.1020	.1003	.0985
1.3*	.0968	.0951	.0934	.0918	.0901	.0885	.0869	.0853	.0838	.0823
1.4*	.0808	.0793	.0778	.0764	.0749	.0735	.0721	.0708	.0694	.0681
1.5*	.0668	.0655	.0643	.0630	.0618	.0606	.0594	.0582	.0571	.0559
1.6*	.0548	.0537	.0526	.0516	.0505	.0495	.0485	.0475	.0465	.0455
1.7*	.0446	.0436	.0427	.0418	.0409	.0401	.0392	.0384	.0375	.0367
1.8*	.0359	.0351	.0344	.0336	.0329	.0322	.0314	.0307	.0301	.0294
1.9*	.0287	.0281	.0274	.0268	.0262	.0256	.0250	.0244	.0239	.0233
2.0*	.0228	.0222	.0217	.0212	.0207	.0202	.0197	.0192	.0188	.0183
2.1*	.0179	.0174	.0170	.0166	.0162	.0158	.0154	.0150	.0146	.0143
2.2*	.0139	.0136	.0132	.0129	.0125	.0122	.0119	.0116	.0113	.0110
2.3*	.0107	.0104	.0102	.0099	.0096	.0094	.0091	.0089	.0087	.0084
2.4*	.0082	.0080	.0078	.0075	.0073	.0071	.0069	.0068	.0066	.0064
2.5*	.0062	.0060	.0059	.0057	.0055	.0054	.0052	.0051	.0049	.0048
2.6*	.0047	.0045	.0044	.0043	.0041	.0040	.0039	.0038	.0037	.0036
2.7*	.0035	.0034	.0033	.0032	.0031	.0030	.0029	.0028	.0027	.0026
2.8*	.0026	.0025	.0024	.0023	.0023	.0022	.0021	.0021	.0020	.0019
2.9*	.0019	.0018	.0018	.0017	.0016	.0016	.0015	.0015	.0014	.0014
3.0*	.0013	.0013	.0013	.0012	.0012	.0011	.0011	.0011	.0010	.0010

この表は，標準正規分布 $N(0,1)$ をする確率変数 X が x 以上の値をとる確率 $P(X \geq x)=1-\Phi(x)$ を，$x=0.00 \sim 3.00$ の範囲の 0.01 きざみの x の値について示したものである。
例：$P(X \geq 1.23)$ を求めるためには，左側の見出し 1.2* の行と，上側の見出し *=3 の列との交差する位置にある数値 .1093 を読みとればよい．

練習問題の略解

【1 章】

1.1 (1) $\Omega=\{(H,H,H),(H,H,T),(H,T,H),(T,H,H),(H,T,T),(T,H,T),(T,T,H),(T,T,T)\}$ (2) $A=\{(H,H,H),(H,H,T),(H,T,H),(H,T,T)\}$, $B\cup C=\{(H,H,H),(H,H,T),(H,T,H),(T,H,H),(T,H,T),(T,T,H)\}$, $B\cap C=\{(H,H,H),(T,H,H)\}$, $A^c\cap B=\{(T,H,H),(T,H,T)\}$, $(A\cup B^c)\cap C=\{(H,H,H),(H,T,H),(T,T,H)\}$ (3) 1/2, 3/4, 1/4, 1/4, 3/8

1.2 (1) $A\cup B\cup C$ (2) $A^c\cap B^c\cap C^c$ (3) $(A^c\cap B\cap C)\cup(A\cap B^c\cap C)\cup(A\cap B\cap C^c)$ (4) $(A\cap B)\cup(B\cap C)\cup(C\cup A)$ (5) $((A\cap B^c)\cup(A^c\cap B))\cap C^c$

1.3 $P=1-p^n$, $n\geq 2$

1.4 1回の試技での成功の確率は $p=0.3, q=1-p$ とすると, $p+qp+q^2p=(1+0.7+0.7^2)\times 0.3=0.657$.

1.5 略.

1.6 (1) 両親の血液型の組合せがO×Bの場合，子の血液型は，B型の親から遺伝子Oをもらえば O型に，そうでなければ B型になる．B型の親の遺伝子型が BB である確率 $P(\mathrm{BB})$ は 3/22, BO である確率 $P(\mathrm{BO})$ は 19/22 である．したがって，全確率の公式により，子の血液型が B型である確率は, $P(\mathrm{B})=P(\mathrm{B}|\mathrm{BB})P(\mathrm{BB})+P(\mathrm{B}|\mathrm{BO})P(\mathrm{BO})=1\times(3/22)+(1/2)\times(19/22)\fallingdotseq 0.57$ となる．子の血液型が O型となる確率は $1-0.57=0.43$.

他の組合せについても，同様の考え方により確かめられる．

(2) ベイズの定理により

$$P(\mathrm{AO}|\mathrm{A})=\frac{P(\mathrm{A}|\mathrm{AO})P(\mathrm{AO})}{P(\mathrm{A}|\mathrm{AO})P(\mathrm{AO})+P(\mathrm{A}|\mathrm{AA})P(\mathrm{AA})}$$

$$=\frac{0.5\times 0.31}{0.5\times 0.31+1\times 0.08}\fallingdotseq 0.66$$

(3) 両親の遺伝子型の組合せと，生まれてくる子どもの遺伝子型の可能性を示すと右表のようになる．子どもの遺伝子型が2つ以上書いてある枠内では，

	BB	BO
AA	AB	AB, AO
AO	AB, BO	AB, AO BO, OO

それらのうちのいずれか1つが等確率で現れる．したがって，ベイズの定理により

$$P(\mathrm{AO}|\mathrm{AB}) = \frac{0.5 \times 0.31 \times 0.03 + 0.25 \times 0.31 \times 0.19}{0.08 \times 0.03 + 0.5 \times 0.08 \times 0.19 + 0.5 \times 0.31 \times 0.03 + 0.25 \times 0.31 \times 0.19}$$
$$\fallingdotseq 0.66$$

$$P(\mathrm{BB}|\mathrm{AB}) = \frac{0.08 \times 0.03 + 0.5 \times 0.31 \times 0.03}{0.08 \times 0.03 + 0.5 \times 0.08 \times 0.19 + 0.5 \times 0.31 \times 0.03 + 0.25 \times 0.31 \times 0.19}$$
$$\fallingdotseq 0.24$$

【2 章】

2.1 ポアソン分布の再生性により，$X+Y$ はポアソン分布 $\mathrm{Po}(\lambda_1+\lambda_2)$ をするので

$$\begin{aligned} P(X=k|X+Y=l) &= P(X=k, X+Y=l)/P(X+Y=l) \\ &= P(X=k, Y=l-k)/P(X+Y=l) \\ &= e^{-\lambda_1}\frac{\lambda_1^k}{k!} \cdot e^{-\lambda_2}\frac{\lambda_2^{l-k}}{(l-k)!} \Big/ e^{-(\lambda_1+\lambda_2)}\frac{(\lambda_1+\lambda_2)^l}{l!} \\ &= \frac{l!}{k!(l-k)!}\left(\frac{\lambda_1}{\lambda_1+\lambda_2}\right)^k\left(\frac{\lambda_2}{\lambda_1+\lambda_2}\right)^{l-k} \end{aligned}$$

となる．すなわち，X の条件つき分布は2項分布 $\mathrm{B}(l\,;\lambda_1/(\lambda_1+\lambda_2))$ となる．

2.2 k を任意の非負整数とすると

$$\begin{aligned} P(X=k) &= \sum_{l=0}^{\infty} P(X=k|Z=l)P(Z=l) = \sum_{l=k}^{\infty}\binom{l}{k}p^k(1-p)^{l-k}\cdot e^{-\lambda}\frac{\lambda^l}{l!} \\ &= e^{-\lambda}\frac{(\lambda p)^k}{k!}\sum_{l=k}^{\infty}\frac{\{\lambda(1-p)\}^{l-k}}{(l-k)!} = e^{-\lambda}\frac{(\lambda p)^k}{k!}e^{\lambda(1-p)} = e^{-\lambda p}\frac{(\lambda p)^k}{k!} \end{aligned}$$

となる．したがって，X はポアソン分布 $\mathrm{Po}(\lambda p)$ をする．

2.3 (1) k を非負の整数，$q=1-p$ とすると

$$P(X \geq l+k|X \geq l) = P(X \geq l+k)/P(X \geq l) = \sum_{m=l+k}^{\infty}q^m p \Big/ \sum_{m=l}^{\infty}q^m p = q^{l+k}/q^l = q^k$$

(2) x を非負の実数とすると

$$P(Y \geq z+x|Y \geq z) = P(Y \geq z+x)/P(Y \geq z) = e^{-\alpha(z+x)}/e^{-\alpha z} = e^{-\alpha x}$$

このように，この2つの分布では，確率変数の値がある値以上になることがわかったとしても，それがさらにどれだけ大きくなるかということに関してはなんらの情報も得られない．

2.4 $g(l) = P(X \geq l)$ と書くことにすると，関係式は $g(n+m)=g(n)g(m)$ と書き直せる．ここで，$m=1$ とおくと $g(n+1)=g(1)g(n)$ となるから，$\{g(n)\}$ は等比数列となり，$g(n)=aq^n$ という形に書ける．$g(0)=P(X \geq 0)=1$ であるから a は1でなくてはならない．したがって，$P(X=k)=P(X \geq k)-P(X \geq k+1)=q^k-q^{k+1}=pq^k$ となり，X は幾何分布をする．

2.5 $Y=(-\log X_1)+\cdots+(-\log X_n)$ と書くことができて，$-\log X_i$ は指数分布 $\mathrm{Ex}(1)$ をするので，Y はガンマ分布 $\mathrm{G}(1, n)$ をする．

2.6 $P(Y \leq y) = P(Y_1 \leq y, \cdots, Y_n \leq y) = P(Y_1 \leq y) \cdots P(Y_n \leq y) = \{F(y)\}^n$

$P(Z \leq z) = 1 - P(Z > z) = 1 - P(X_1 > z, \cdots, X_n > z)$
$= 1 - P(X_1 > z) \cdots P(X_n > z) = 1 - \{1 - F(z)\}^n$

2.7 図のように，F の逆関数 F^{-1} を

$$F^{-1}(y) = \inf\{x | F(x) = y\}$$

で定義すると

$P(Y \leq y) = P(F(X) \leq y)$
$= P(X \leq F^{-1}(y)) = F(F^{-1}(y)) = y$

したがって，Y の分布は U$(0, 1)$ である．

2.8 $P(U \leq u) = \iint_{x+y \leq u} f(x, y) \mathrm{d}x \mathrm{d}y$

であるが，積分変数を x と y から x と $t = x + y$ に変換すると

$P(U \leq u) = \int_0^u \mathrm{d}t \int_0^t f(x, t-x) \mathrm{d}x$ となり，これを u で微分することによって $f_U(u)$

$= \int_0^u f(x, u-x) \mathrm{d}x$ が得られる．

V, W, Z についても，それぞれ積分変数の1つを $x-y, xy, y/x$ にとって同様の計算をすれば，つぎの結果が得られる．

$$f_V(v) = \int_v^\infty f(x, x-v) \mathrm{d}x, \qquad f_W(w) = \int_0^\infty \frac{1}{x} f(x, w/x) \mathrm{d}x,$$

$$f_Z(z) = \int_0^\infty x f(x, zx) \mathrm{d}x$$

2.9 $Q = \dfrac{1}{1-\rho^2}\left\{\left(\dfrac{x-\mu_1}{\sigma_1}\right)^2 - 2\rho\left(\dfrac{x-\mu_1}{\sigma_1}\right)\left(\dfrac{y-\mu_2}{\sigma_2}\right) + \left(\dfrac{y-\mu_2}{\sigma_2}\right)^2\right\}$

$= \dfrac{1}{1-\rho^2}\left(\dfrac{y-\mu_2}{\sigma_2} - \rho\dfrac{x-\mu_1}{\sigma_1}\right)^2 + \left(\dfrac{x-\mu_1}{\sigma_1}\right)^2 \equiv Q_1 + \left(\dfrac{x-\mu_1}{\sigma_1}\right)^2$

と変形できるので

$$f_X(x) = \int_{-\infty}^\infty f(x, y) \mathrm{d}y = \dfrac{1}{\sqrt{2\pi}\sigma_1} \exp\left[-\dfrac{1}{2}\left(\dfrac{x-\mu_1}{\sigma_1}\right)^2\right]$$
$$\times \int_{-\infty}^\infty \dfrac{1}{\sqrt{2\pi}\sigma_2\sqrt{1-\rho^2}} \exp\left[-\dfrac{1}{2}Q_1\right] \mathrm{d}y$$

と書ける．最後の積分の被積分関数は，x を固定しておけば，正規分布の密度関数になっているから，積分の値は1に等しい．したがって

$$f_X(x) = \dfrac{1}{\sqrt{2\pi}\sigma_1} \exp\left[-\dfrac{1}{2}\left(\dfrac{x-\mu_1}{\sigma_1}\right)^2\right]$$

となり，X の周辺分布は N(μ_1, σ_1^2) であることがわかる．同様にして，Y の周辺分布は N(μ_2, σ_2^2) である．

2.10 $P(V \leq v) = P(V^2 \leq v^2)$ で，$W = V^2 = X_1^2 + X_2^2 + X_3^2$ の分布はガンマ分布 $G\left(\dfrac{1}{2\sigma^2}, \dfrac{3}{2}\right)$ であるから

$$P(V \leq v) = \int_0^{v^2} \frac{1}{\Gamma(3/2)} \left(\frac{1}{2\sigma^2}\right)^{3/2} w^{3/2-1} \exp\left[-\frac{w}{2\sigma^2}\right] dw$$

となる．この両辺を v で微分すると V の分布の密度関数 $f(v)$ がつぎのように求められる：

$$f(v) = \frac{d}{dv}(v^2) \cdot \frac{1}{\Gamma(3/2)} \left(\frac{1}{2\sigma^2}\right)^{3/2} (v^2)^{3/2-1} \exp\left[-\frac{v^2}{2\sigma^2}\right]$$

$$= \frac{\sqrt{2/\pi}}{\sigma^3} v^2 \exp\left[-\frac{v^2}{2\sigma^2}\right] \qquad (v \geq 0)$$

2.11 略．

2.12 指数分布 $\mathrm{Ex}(\alpha)$

【3 章】

3.1 $g(X)$ がとる値を $u_0, u_1, \cdots$ とし，$g(X)$ の確率関数を $h(u)$ とすると，$h(u_j) = P(g(X) = u_j)$ $(j = 0, 1, 2, \cdots)$ である．任意に固定した j に対して，$g(v_k) = u_j$ を満たす k の集合を $K(j)$ と書くことにすると，$h(u_j) = \sum_{k \in K(j)} f(v_k)$ である．したがって

$$E(g(X)) = \sum_j u_j h(u_j) = \sum_j u_j \sum_{k \in K(j)} f(v_k)$$

$$= \sum_j \sum_{k \in K(j)} g(v_k) f(v_k) = \sum_k g(v_k) f(v_k)$$

が成り立つ．

3.2 $q = 1-p$ とすると，$E(Y) = \sum_{k=0}^{l} kq^k p + l \sum_{k=l+1}^{\infty} q^k p = (q/p)(1-q^l)$

3.3 $E[(X-c)^2] = E[X^2 - 2cX + c^2] = c^2 - 2cE(X) + E(X^2)$ は c の 2 次式であるから，その値が最小になるのは $c = E(X)$ のときである．

3.4 互いに独立に幾何分布 $\mathrm{Ge}(p)$ に従って分布する確率変数 $X_1, \cdots, X_r$ の和を Y とすると，Y の分布が $\mathrm{NB}(r; p)$ であるから，$E(Y) = r \cdot E(X_1) = rq/p$，$\mathrm{Var}(Y) = r \cdot \mathrm{Var}(X_1) = rq/p^2$ となる．

3.5 $E(Z) = E(X) - \rho E(Y) = 0$，$\mathrm{Var}(Z) = \mathrm{Var}(X) + \rho^2 \mathrm{Var}(Y) - 2\rho \, \mathrm{Cov}(X, Y) = 1 + \rho^2 - 2\rho^2 = 1 - \rho^2$，$\mathrm{Cov}(Z, Y) = \mathrm{Cov}(X, Y) - \rho \, \mathrm{Var}(Y) = \rho - \rho = 0$

3.6 $E\{(tX+Y)^2\} = E(X^2)t^2 + 2E(XY)t + E(Y^2) \geq 0$ がすべての実数 t に対して成り立つから，$\{E(XY)\}^2 - E(X^2)E(Y^2) \leq 0$．等号が成り立つのは，判別式の値が 0 となる場合であるから，$E\{(tX+Y)^2\} = 0$ となる実数 t が存在するときである．このことから，確率 1 で $tX+Y = 0$ となる場合，すなわち，X と Y が比例している場合であることがわかる．

3.7 X_1, X_2 の平均値を μ_1, μ_2 とし，$X = X_1 - \mu_1$，$Y = X_2 - \mu_2$ とおいて前問の不等式に

代入すればよい．相関係数が $1(-1)$ となるのは，$X_2-\mu_2$ と $X_1-\mu_1$ が比例し，比例定数が正（負）のときである．

3.8 ［定理 3.4］を使って計算する．

$$E(S_N) = \sum_{n=0}^{\infty} E(S_N|N=n)P(N=n) = \sum_{n=0}^{\infty} n\mu P(N=n) = E(N)\mu,$$

$$E(S_N^2) = \sum_{n=0}^{\infty} E(S_N^2|N=n)P(N=n)$$

$$= \sum_{n=0}^{\infty} [\mathrm{Var}(S_N|N=n) + \{E(S_N|N=n)\}^2]P(N=n)$$

$$= \sum_{n=0}^{\infty} [n\sigma^2 + (n\mu)^2]P(N=n) = E(N)\sigma^2 + E(N^2)\mu^2$$

したがって，$\mathrm{Var}(S_N) = E(S_N^2) - \{E(S_N)\}^2 = E(N)\sigma^2 + [E(N^2) - \{E(N)\}^2]\mu^2 = E(N)\sigma^2 + \mathrm{Var}(N)\mu^2$.

3.9 (1) $\sum_{i=1}^{n}(X_i - \bar{X})^2 = \sum_{i=1}^{n}\{(X_i - \mu) - (\bar{X} - \mu)\}^2$

$$= \sum_{i=1}^{n}(X_i - \mu)^2 - 2(\bar{X} - \mu)\sum_{i=1}^{n}(X_i - \mu) + n(\bar{X} - \mu)^2$$

であるが，$\sum_{i=1}^{n}(X_i - \mu) = n(\bar{X} - \mu)$ であるから，結局，$\sum_{i=1}^{n}(X_i - \bar{X})^2 = \sum_{i=1}^{n}(X_i - \mu)^2 - n(\bar{X} - \mu)^2$ となる．

(2) $E\left[\sum_{i=1}^{n}(X_i - \bar{X})^2\right] = E\left[\sum_{i=1}^{n}(X_i - \mu)^2\right] - E[n(\bar{X} - \mu)^2] = n\sigma^2 - nE[(\bar{X} - \mu)^2]$

ここで，$\bar{X}$ の分布の平均は μ，分散は σ^2/n であるから，$E[(\bar{X} - \mu)^2] = \sigma^2/n$ となり，これを代入すると，$E\left[\sum_{i=1}^{n}(X_i - \bar{X})^2\right] = (n-1)\sigma^2$ が得られる．

3.10

	$P(|Y|\geq 1)$	$P(|Y|\geq 2)$	$P(|Y|\geq 3)$
上界評価	1.000	0.250	0.111
Ex(1)	0.135	0.050	0.018
$N(\mu, \sigma^2)$	0.318	0.046	0.002

このように，すべての分布について成り立つ上界評価は，特定の分布に対する確率の値との間に相当のへだたりがあるのがふつうである．

【4 章】

4.1 (1) $p/(1-qz)$ (2) 略． (3) $G(z; r) = p^r/(1-qz)^r$ (4) $G(z; r_1)G(z; r_2) = G(z; r_1+r_2)$ が成り立つから，（r に関して）再生性がある．

(5) $p^r/(1-qz)^r = (1-\lambda/r)^r/\{1-(\lambda/r)z\}^r \to e^{-\lambda}/e^{-\lambda z} = e^{\lambda(z-1)}$

4.2 (1) $\varPhi\left(\dfrac{12.5-10}{\sqrt{10}}\right) \fallingdotseq 0.785$ (2) $1 - \varPhi\left(\dfrac{99.5-80}{\sqrt{400}}\right) \fallingdotseq 0.165$

(3) $1 - \varPhi\left(\dfrac{50-40}{\sqrt{40}}\right) \fallingdotseq 0.057$. これらの分布はすべて再生性を有していて，互いに独立

に同一分布に従う多数の確率変数の和の分布なので，中心極限定理が利用できる．

4.3 (1) $(1-z)Q(z) = q_0 + \sum_{k=1}^{\infty}(q_k - q_{k-1})z^k = 1 - f(0) + \sum_{k=1}^{\infty}[-f(k)]z^k = 1 - G(z)$

(2) 式 (4.1) から $Q(1) = G'(1)$ が得られる．また，$(1-z)Q(z) = 1 - G(z)$ の両辺を2回微分してから $z=1$ を代入すると，$2Q'(1) = G''(1)$ が得られる．これと式 (4.8), (4.9) から (4.45) が得られる．

4.4 (1) 第1回目にさいころをふったときに出た目が1である場合と，そうでない場合に分けて考えよ．

(2) 式 (4.46) の両辺に z^k を掛けて，$k=1$ から ∞ まで加えて整理すると $A(z) = \dfrac{1-(5/6)z}{[1-(2/3)z](1-z)}$ が得られる．

(3) $A(z)$ を級数に展開すると

$$A(z) = \frac{1}{2}\left[\frac{1}{1-z} + \frac{1}{1-(2/3)z}\right] = \frac{1}{2}\sum_{k=0}^{\infty}\left[1 + \left(\frac{2}{3}\right)^k\right]z^k$$

となる．したがって，$a_k = \dfrac{1}{2}\left[1 + \left(\dfrac{2}{3}\right)^k\right]$ となる．

4.5 (1) n 箱目を買った段階で r 種類のクーポン券がそろうためには，$r-1, r, r+1, \cdots, n-1$ 箱目のいずれかを買った段階で，$r-1$ 種類のクーポン券がそろっていなければならない．$n-k$ 箱目を買った段階で $r-1$ 種類がそろったという条件のもとで，n 箱目にやっと r 種類目のクーポン券が手に入る(条件つき)確率は $\left(\dfrac{r-1}{N}\right)^{k-1} \times \left(1 - \dfrac{r-1}{N}\right)$ である．したがって，全確率の公式により式 (4.47) が得られる．

(2) 式 (4.47) と，その式中の n を $n+1$ に置き換えて得られる式とを比較すればよい．

(3) 式 (4.48) の両辺に z^{n+1} を掛け，$n=0$ から ∞ まで加えて整理すればよい．

(4) 式 (4.49) を繰り返し適用し，$P(z; 1) = z$ であることを使う．

(5) 式 (4.50) はつぎのように書き直せる．

$$P(z; r) = z^r \prod_{j=1}^{r-1} \frac{1-j/N}{1-(j/N)z}$$

z^r は，確率1で r をとる確率分布の母関数であり，$(1-j/N)/[1-(j/N)z]$ は，幾何分布 $\mathrm{Ge}(1-j/N)$ の確率母関数である．

4.6 指定された r 種類のクーポン券のうちいずれか1枚が手に入るまでに買う箱の数 (k) で場合分けをして考えると，つぎの関係式が成り立つことがわかる．

$$p(n; r) = \sum_{k=1}^{n-r+1}\left(1-\frac{r}{N}\right)^{k-1}\frac{r}{N}p(n-k; r-1)$$

母関数の満たす関係式は，$P_r(z) = \dfrac{r}{N}zP_{r-1}(z) + \left(1 - \dfrac{r}{N}\right)zP_r(z)$ となり，結局，

$$P_r(z) = z \prod_{j=2}^{r} \frac{jz}{N-(N-j)z}$$ が得られる．

4.7 $M_S(\theta) = E[\exp(\theta S_N)] = \sum_{n=0}^{\infty} E[\exp(\theta S_N)|N=n]P(N=n) = \sum_{n=0}^{\infty} \{M_X(\theta)\}^n P(N=n)$
$$= E[\{M_X(\theta)\}^N] = G_N(M_X(\theta))$$

これを θ で微分すると
$$M_S'(\theta) = G_N'(M_X(\theta))M_X'(\theta)$$
$$M_S''(\theta) = G_N''(M_X(\theta))\{M_X'(\theta)\}^2 + G_N'(M_X(\theta))M_X''(\theta)$$

となる．ここで，$\theta=0$ とおき，$M_X(0)=1$ であることに注意すると
$$E(S_N) = E(N)E(X)$$
$$E(S_N^2) = E[N(N-1)]\{E(X)\}^2 + E(N)E(X^2)$$
$$= E(N^2)\{E(X)\}^2 + E(N)\mathrm{Var}(X)$$

が得られる．これから，$\mathrm{Var}(S_N) = E(S_N^2) - \{E(S_N)\}^2 = \mathrm{Var}(N)\{E(X)\}^2 + E(N)\mathrm{Var}(X)$ を得る．

4.8 $\bar{X}$ の特性関数を $\varphi_{\bar{X}}(t)$ と書くことにすると
$$\varphi_{\bar{X}}(t) = E\left[\exp\left\{i\frac{X_1+\cdots+X_n}{n}t\right\}\right] = \prod_{k=1}^{n} E\left[\exp\left\{iX_k\frac{t}{n}\right\}\right] = \prod_{k=1}^{n} \varphi\left(\frac{t}{n}\right)$$
$$= \left[\exp\left\{i\mu\frac{t}{n} - \alpha\left|\frac{t}{n}\right|\right\}\right]^n = \exp[i\mu t - \alpha|t|] = \varphi(t)$$

となる．したがって，$\bar{X}$ は X_1 などと同一の分布をする．

4.9 $Y_1, \cdots, Y_n$ の特性関数を $\varphi(t_1, \cdots, t_n)$ とすると
$$\varphi(t_1, \cdots, t_n) = E\left[\exp\left\{i\sum_{k=1}^{n} t_k Y_k\right\}\right] = E\left[\exp\left\{i\sum_{k=1}^{n} t_k \sum_{j=1}^{n} a_{kj} X_j\right\}\right]$$
$$= E\left[\exp\left\{i\sum_{j=1}^{n}\left(\sum_{k=1}^{n} t_k a_{kj}\right)X_j\right\}\right] = \prod_{j=1}^{n} E\left[\exp\left\{i\left(\sum_{k=1}^{n} t_k a_{kj}\right)X_j\right\}\right]$$
$$= \prod_{j=1}^{n} \exp\left\{-\frac{1}{2}\left(\sum_{k=1}^{n} t_k a_{kj}\right)^2\right\} = \exp\left\{-\frac{1}{2}\sum_{j=1}^{n}\left(\sum_{k=1}^{n} t_k a_{kj}\right)^2\right\}$$

である．ここで，$\sum_{j=1}^{n}\left(\sum_{k=1}^{n} t_k a_{kj}\right)^2 = \sum_{j=1}^{n}\left(\sum_{k=1}^{n} t_k a_{kj}\right)\left(\sum_{l=1}^{n} t_l a_{lj}\right) = \sum_{k=1}^{n}\sum_{l=1}^{n} t_k t_l \sum_{j=1}^{n} a_{kj} a_{lj}$

であるが，直交性の条件により，この和は $\sum_{k=1}^{n} t_k^2$ に等しい．したがって
$$\varphi(t_1, \cdots, t_n) = \exp\left\{-\frac{1}{2}\sum_{k=1}^{n} t_k^2\right\} = \prod_{k=1}^{n} \exp\left\{-\frac{1}{2} t_k^2\right\}$$

となり，$Y_1, \cdots, Y_n$ は互いに独立に $N(0,1)$ に従って分布することが示された．

【5 章】

5.1 (1) $e^{-5\lambda}(5\lambda)^4/4!$ (2) $\{e^{-5\lambda}(5\lambda)^4/4!\} \cdot \{e^{-2.5\lambda}(2.5\lambda)^2/2!\} \cdot \{e^{-4.5\lambda}(4.5\lambda)^3/3!\}$
(3) $e^{-7\lambda}(7\lambda)^5/5!$ (4) 5λ (5) 5λ (6) $4+5\lambda$

5.2 はじめのバスの出発時刻を時間の原点にとり，時刻 t までの乗客の到着数を $N(t)$

とする．また，つぎのバスの到着時刻を T とする．$E(N(t))=t$, $E(N^2(t))=t+t^2$ である．$E(N(T))=E(T)=10$, $\mathrm{Var}(N(T))=E(N^2(T))-\{E(N(T))\}^2$, $E(N^2(T))$
$=\dfrac{1}{4}\displaystyle\int_8^{12} E(N^2(t))\mathrm{d}t=\dfrac{1}{4}\left[\dfrac{t^2}{2}+\dfrac{t^3}{3}\right]_8^{12}=10+\dfrac{304}{3}$

$\therefore\ \mathrm{Var}(N(T))\fallingdotseq 11.3$

5.3 $N(t+s)-N(t)$ と $N(t)$ とは独立であるから，
$$E[\{N(t+s)-N(t)\}N(t)]=E[N(t+s)-N(t)]\cdot E[N(t)]=\lambda s\cdot \lambda t$$
である．一方，この式の最初の項は $E[N(t+s)N(t)]-E[N^2(t)]$ に等しい．

$\therefore\ \mathrm{Cov}(N(t+s), N(t))=E[N(t+s)N(t)]-E[N(t+s)]E[N(t)]$
$$=\lambda s\cdot\lambda t+\{\lambda t+(\lambda t)^2\}-\lambda(t+s)\lambda t=\lambda t$$

5.4 表 3.1(b) から，$E(Z)=3/5$, $\mathrm{Var}(Z)=1/25$ である．したがって，$E(Y)=40(3/5)+10=34$, $\mathrm{Var}(Y)=40^2(1/25)=64$ となる．1時間の間にやってくる車の台数の期待値は 30 台であるから，給油量の期待値と分散は，式 (5.22) および (5.23) から，それぞれ $30\cdot 34=1020[l]$, $30\cdot(64+34^2)=36600[l^2]$ となる．

5.5 $p_n(s+h)=p_n(s)(1-\lambda h)+p_{n-1}(s)\lambda h+\mathrm{o}(h)$ から
$$\dfrac{p_n(s+h)-p_n(s)}{h}=-\lambda p_n(s)+\lambda p_{n-1}(s)+\dfrac{\mathrm{o}(h)}{h}$$
が得られ，$h\to 0$ とすると
$$p_n'(s)=-\lambda p_n(s)+\lambda p_{n-1}(s)\quad (n\geq 1) \tag{5.27}$$
となる．$n=0$ の場合には，右辺の第2項がない式
$$p_0'(s)=-\lambda p_0(s)$$
が成り立ち，この解は $p_0(s)=p_0(0)\mathrm{e}^{-\lambda s}=\mathrm{e}^{-\lambda s}$．これを式 (5.27) で $n=1$ とおいたものに代入して $p_1(s)$ を求めると，$p_1(s)=\lambda s\mathrm{e}^{-\lambda s}$．以下同様にして，一般に
$$p_n(s)=\dfrac{(\lambda s)^n}{n!}\mathrm{e}^{-\lambda s}$$
が得られる．

5.6 (1) 略．(2) $p_0(t+h)=p_0(t)(1-\lambda h)+p_1(t)\mu h(1-\lambda h)+\mathrm{o}(h)$

(3) $\begin{cases}\dfrac{\mathrm{d}}{\mathrm{d}t}p_n(t)=-(\mu+\lambda)p_n(t)+\mu p_{n+1}(t)+\lambda p_{n-1}(t)\quad (n\geq 1)\\ \dfrac{\mathrm{d}}{\mathrm{d}t}p_0(t)=-\lambda p_0(t)+\mu p_1(t)\end{cases}$

(4) $\begin{cases}-(\mu+\lambda)p_n+\mu p_{n+1}+\lambda p_{n-1}=0\quad (n\geq 1) & (*)\\ -\lambda p_0+\mu p_1=0 & (**)\end{cases}$

(5) 式 $(*)$ は $-\lambda p_n+\mu p_{n+1}=-\lambda p_{n-1}+\mu p_n$ と書き直せる．これと式 $(**)$ から，すべての n について $-\lambda p_n+\mu p_{n+1}=0$ が成り立つことがわかる．したがって，$p_{n+1}=(\lambda/\mu)p_n$ となり，$\{p_n\}$ は $\rho\equiv\lambda/\mu$ を公比とする等比数列であることがわかり，$p_n=$

$\rho^n p_0$ と書ける. $\sum_{n=0}^{\infty} p_n = 1$ が成り立つためには, 公比 ρ が 1 より小さくなくてはならない. このとき, $\sum_{n=0}^{\infty} p_n = p_0/(1-\rho)$ となり, $p_0 = 1-\rho$, $p_n = (1-\rho)\rho^n$ が得られる.

【6 章】

6.1 $\tilde{f}(z) = \left(\dfrac{2}{z+2}\right)^3$, $\quad \tilde{m}(z) = \dfrac{8}{z^2(z^2+6z+12)} = \dfrac{1}{3}\left[\dfrac{2}{z^2} - \dfrac{1}{z} + \dfrac{(z+3)+1}{(z+3)^2+3}\right]$

$$m(t) = \dfrac{1}{3}\left[2t - 1 + \mathrm{e}^{-3t}\left(\cos\sqrt{3}t + \dfrac{1}{\sqrt{3}}\sin\sqrt{3}t\right)\right]$$

$$= \dfrac{1}{3}\left[2t - 1 + \dfrac{2}{\sqrt{3}}\mathrm{e}^{-3t}\cos\left(\sqrt{3}t - \dfrac{\pi}{6}\right)\right]$$

6.2 $m(t)$ のラプラス変換は $\tilde{m}(z) = \lambda/z^2$ であるから, 式 (6.13) より $\tilde{f}(z) = z\tilde{m}(z)/(1+z\tilde{m}(z)) = \lambda/(z+\lambda)$ となる. 逆変換をすると $f(t) = \lambda\mathrm{e}^{-\lambda t}$ が得られる.

6.3 通話が終了した時刻の系列は再生過程になる. 再生時点の間隔の平均値 $\mu = 1/\lambda + E(Y_1)$ であるから, 式 (6.19) から所望の結果が得られる.

6.4 (1) 最初の電話がかかってくる時刻を T_1 とすると

$$m(t) = \int_0^t E[N(t)|T_1 = s]\lambda\mathrm{e}^{-\lambda s}\mathrm{d}s$$

が成り立つ. この電話 (通話) が時刻 t まで続く確率は $1 - G(t-s)$. したがって, $E[N(t)|T_1 = s] = 1 \times [1 - G(t-s)] + m(t-s)$.

(2) $\tilde{m}(z) = \left[\dfrac{1}{z} - \tilde{G}(z)\right]\dfrac{\lambda}{z+\lambda} + \tilde{m}(z)\dfrac{\lambda}{z+\lambda} \Rightarrow \tilde{m}(z) = \lambda\left[\dfrac{1}{z} - \tilde{G}(z)\right]\dfrac{1}{z}$

$\Rightarrow m(t) = \lambda\displaystyle\int_0^t [1 - G(s)]\mathrm{d}s$

6.5 (1), (2) 略. (3) $\tilde{m}(z) = \dfrac{1}{1 - a\tilde{f}(z)}\left[\dfrac{1 - \tilde{f}(z)}{z}\right]$ (4) $z \to 0$ とすると, $\tilde{m}(z)$ の [ ] 内の項が $0/0$ に近づくので, 解析学におけるロピタルの定理を使うと, 極限値は $-\left.\dfrac{\mathrm{d}}{\mathrm{d}z}\tilde{f}(z)\right|_{z=0} = \mu$ となることがわかる. 結局, $L = \mu/(1-a)$.

6.6 (1) 取り替え間隔を D とすると, $E(D) = \displaystyle\int_0^\infty P\{D > u\}\mathrm{d}u = \int_0^\tau [1 - F(u)]\mathrm{d}u$. これと式 (6.20) を使う. (2) 略.

(3) 故障による取り替え間隔の期待値は

$$\int_0^\infty [1 - G(t)]\mathrm{d}t = \sum_{k=0}^\infty \int_{k\tau}^{(k+1)\tau} [1 - G(t)]\mathrm{d}t = \sum_{k=0}^\infty [1 - F(\tau)]^k \int_0^\tau [1 - F(u)]\mathrm{d}u$$

$$= \int_0^\tau [1 - F(u)]\mathrm{d}u / F(\tau)$$

これと式 (6.20) を使う.

(4) $F(u) = 1 - \mathrm{e}^{-\lambda u}$ とすると, $C(\tau)$ は確率 1 で $C(\tau) = \lambda[c_1(1 - \mathrm{e}^{-\lambda \tau}) + c_2\mathrm{e}^{-\lambda\tau}]/$

$(1-e^{-\lambda\tau})$ となり，τ の減少関数である．

6.7 (1) 最初の再生時刻を T_1 とすると，
$$m_2(t)=\int_0^\infty E[N^2(t)\,|\,T_1=s]\mathrm{d}F(s)=\int_0^t E[\{1+N(t-s)\}^2]\mathrm{d}F(s)$$
$$=F(t)+2\int_0^t m(t-s)\mathrm{d}F(s)+\int_0^t m_2(t-s)\mathrm{d}F(s).$$
ラプラス変換をすると $\tilde{m}_2(z)=\tilde{f}(z)/z+2\tilde{m}(z)\tilde{f}(z)+\tilde{m}_2(z)\tilde{f}(z)$．
これを $\tilde{m}_2(z)$ について解き，式 (6.13) を使うと $\tilde{m}_2(z)=\tilde{m}(z)+2\tilde{m}(z)\cdot 2\tilde{m}(z)$ となる．逆変換をすれば，所望の結果が得られる．
(2) 3節で導いた $\tilde{m}(z)$ の展開式を使えば $\tilde{m}_2(z)$ の展開式が得られ，逆変換によって $m_2(t)$ が求められる．
(3) $N(t)\geq n \Leftrightarrow T_n\leq t$ で，T_n は互いに独立に同一分布をする n 個の確率変数の和であるから，中心極限定理が使える．$E(N(t))=t/\mu+\mathrm{O}(1)$，$\mathrm{Var}(N(t))=m_2(t)-\{m(t)\}^2=t\sigma^2/\mu^3+\mathrm{O}(1)$ であることに注意すればよい．

6.8 (1),(2) 略．(3) $F^*(z)-zF^*(z)=f^*(z)$ となることを示せばよい．(4) 式 (6.36) と (6.37) を使う．
(5) $f^*(z)=pz/(1-qz)$，$m^*(z)=pz/(1-z)^2=pz(1+z+z^2+\cdots)^2=pz(1+2z+3z^2+\cdots)$，$m(k)=kp$．

【7 章】

7.1 (a) $\{1,3,4\}$：正再帰的，$d=1$；$\{2\}$：非再帰的，$d=1$；$\{5\}$：非再帰的，$d=1$．
(b) $\{1,2,5\}$：正再帰的，$d=1$；$\{3,4\}$：正再帰的，$d=1$． (c) $\{1,5,6,7\}$：非再帰的，$d=2$；$\{2,3\}$：正再帰的，$d=2$；$\{4\}$：非再帰的，$d=1$．(d) $\{1\}$：非再帰的，$d=1$；$\{2,5,6\}$：正再帰的，$d=2$；$\{3\}$：正再帰的，$d=1$；$\{4,7\}$：正再帰的，$d=2$．

7.2 (1) $T=\{2,5\}$，$S-T=\{1,3,4\}$ (2) 略．
(3)
$$\begin{array}{c}{} & 2 & 5 \\ 2 \\ 5\end{array}\begin{bmatrix}0.3 & 0 \\ 0.5 & 0.4\end{bmatrix}=\boldsymbol{Q},\qquad \boldsymbol{N}=(\boldsymbol{I}-\boldsymbol{Q})^{-1}=\frac{1}{0.42}\begin{bmatrix}0.6 & 0 \\ 0.5 & 0.7\end{bmatrix}$$
(4) $\begin{bmatrix}m(2)\\m(5)\end{bmatrix}=\boldsymbol{N}\begin{bmatrix}1\\1\end{bmatrix}=\frac{1}{0.42}\begin{bmatrix}0.6\\1.2\end{bmatrix}=\begin{bmatrix}10/7\\20/7\end{bmatrix}$

7.3 (1) $l=0$ または K とすると
$$f(i,l)=pf(i+1,l)+qf(i-1,l) \tag{i}$$
が成り立つ．ただし
$$f(0,0)=f(K,K)=1,\qquad f(0,K)=f(K,0)=0 \tag{ii}$$
である．差分方程式 (i) の特性方程式は $\lambda=p\lambda^2+q$，その解は $\lambda=1$ と $\lambda=q/p$．したがって，$f(i,l)=A+B(q/p)^i$ と書ける．境界条件 (ii) を使って A,B を定めればよい．結局

$$f(i,0) = \frac{(q/p)^i - (q/p)^K}{1-(q/p)^K}, \qquad f(i,K) = \frac{1-(q/p)^i}{1-(q/p)^K}$$

(2) $m(i) = 1 + pm(i+1) + qm(i-1)$ を境界条件 $m(0) = m(K) = 0$ のもとに解けばよい．答えは $\quad m(i) = \dfrac{K}{p-q} \cdot \dfrac{1-(q/p)^i}{1-(q/p)^K} - \dfrac{i}{p-q}.$

7.4 (1) $i \in T$, $j \in S-T$ とすると $f(i,j) = P(i,j) + \sum_{k \in T} P(i,k)f(k,j)$ が成り立つ．行列の記号で書けば $\boldsymbol{F} = \boldsymbol{R} + \boldsymbol{Q}\boldsymbol{F}$, したがって，$\boldsymbol{F} = (\boldsymbol{I}-\boldsymbol{Q})^{-1}\boldsymbol{R} = \boldsymbol{N}\boldsymbol{R}.$

(2) $m^{(2)}(i) = \sum_{j \in S-T} P(i,j) \times 1^2 + \sum_{k \in T} P(i,k)E[(1+A_k)^2]$．ここで，$A_k$ は k から出発して $S-T$ に到達するまでの推移回数で，$E[(1+A_k)^2] = 1 + 2m(k) + m^{(2)}(k)$．ゆえに，$m^{(2)}(i) = 1 + 2\sum_{k \in T} P(i,k)m(k) + \sum_{k \in T} P(i,k)m^{(2)}(k)$．行列記号で書けば，$\boldsymbol{m}^{(2)} = \boldsymbol{1} + 2\boldsymbol{Q}\boldsymbol{m} + \boldsymbol{Q}\boldsymbol{m}^{(2)}$ となる．これと式 (7.40) $\boldsymbol{m} = \boldsymbol{N}\boldsymbol{1}$ を組み合せると結果が得られる．

(3)
$$\boldsymbol{F} = \boldsymbol{N}\boldsymbol{R} = \frac{1}{1-pqr}\begin{bmatrix} pqr & r & rq \\ pq & pqr & q \\ p & pr & pqr \end{bmatrix}, \qquad \boldsymbol{m}^{(2)} = \begin{bmatrix} 6 \\ 6 \\ 6 \end{bmatrix}$$

7.5 (1) 略．(2) $P^{(2m)}(j,j) \geq \{P^{(m)}(j,j)\}^2 > 0$

(3) $P^{(l+m+n)}(i,i) \geq P^{(l)}(i,j)P^{(m)}(j,j)P^{(n)}(j,i) > 0$. 他も同様．

(4) $d(i)$ で $(l+m+n)$, $(l+2m+n)$ がともに割り切れるから，その差も割り切れる．

(5) 以上のことが $P^{(m)}(j,j) > 0$ を満たす任意の m について成り立つから，$d(i)$ で $d(j)$ が割り切れる．

(6) i と j の役割を入れ替えれば，$d(j)$ で $d(i)$ が割り切れる．したがって，$d(i) = d(j)$ となる．

7.6 同値類が 2 つあるので，極限分布は存在しない．各同値類内での定常分布をまず求める．

$$\left.\begin{array}{l}\pi(1) = 0.5\pi(1) + 0.3\pi(2) \\ \pi(2) = 0.7\pi(2) + \pi(5) \\ \pi(5) = 0.5\pi(1) \\ \pi(1) + \pi(2) + \pi(5) = 1\end{array}\right\} \Rightarrow \pi(1) = \frac{6}{19},\ \pi(2) = \frac{10}{19},\ \pi(5) = \frac{3}{19}$$

$$\left.\begin{array}{l}\pi(3) = 0.4\pi(3) + \pi(4) \\ \pi(4) = 0.6\pi(3) \\ \pi(3) + \pi(4) = 1\end{array}\right\} \Rightarrow \pi(3) = \frac{5}{8},\ \pi(4) = \frac{3}{8}$$

したがって，w を $0 \leq w \leq 1$ の範囲の任意の数とすると，$\boldsymbol{\pi}_w = \left(\dfrac{6}{19}w, \dfrac{10}{19}w, \dfrac{5}{8}(1-w), \dfrac{3}{8}(1-w), \dfrac{3}{19}w\right)$ が定常分布となる．出発点を確率 w で同値類 $\{1,2,5\}$ の

中にとり，確率 $(1-w)$ で同値類 $\{3,4\}$ の中にとるとき，$\lim_{n\to\infty} P(X_n=i)=\pi_w(i)$ となる．

7.7 (1) 略．(2) この連鎖は既約で，周期が 2 であるから，極限分布は存在しないが定常分布は存在する．平衡方程式は
$$\pi(0)=(1/a)\pi(1), \qquad \pi(a)=(1/a)\pi(a-1),$$
$$\pi(j)=\left(1-\frac{j-1}{a}\right)\pi(j-1)+\frac{j+1}{a}\pi(j+1) \qquad (j=1,2,\cdots,a-1)$$
であり，これを解くと $\pi(j)=\binom{a}{j}2^{-a}$ となり，定常分布は平均が $a/2$ の 2 項分布になる．

7.8 この連鎖は正再帰的であるから極限分布が存在し，それは平衡方程式の唯一の解である．$\boldsymbol{\pi}=(1/a,1/a,\cdots,1/a)$ がその解であることは明らかである．

索　引

ア　行

アベイラビリティ　availability　87
　　定常——　steady state——　87
アーラン分布　Erlang distribution　23

一様分布　uniform distribution　21, 39
一般化再生過程　generalized renewal process　89

エーレンフェストのモデル　Ehrenfest's model　122

カ　行

カイ 2 乗 (χ^2) 分布　χ^2 distribution　23, 25
確率過程　stochastic process　65
確率関数　probability function　17
確率行列　stochastic matrix　93
確率空間　probability space　3
確率試行　trial　1
確率実験　experiment　1
確率収束　convergence in probability　47
確率測度　probability measure　3
確率変数　random variable　15
　　——の独立性　independence of——s　29
確率母関数　probability generating function　49
確率密度関数　probability density function　21
完全加法性　complete additivity　3
ガンマ関数　gamma function　22

ガンマ分布　gamma distribution　22, 25, 39, 56

規格化　normalization　45
幾何分布　geometric distribution　19
期待値　expectation　36
基本行列　fundamental matrix　108
既約　irreducible　97
吸収確率　absorption probability　106
吸収状態　absorbing state　122
吸収壁　absorbing barrier　94
共分散　covariance　44
強連結　strongly connected　97
極限定理　limit theorem　84, 109
極限分布　long-run distribution　113

偶然の一致の問題　coincidences　6

形状パラメター　shape parameter　23
計数過程　counting process　68, 71
原始的 (行列が)　primitive　121

格子状分布　lattice distribution　18
更新　renewal　80
コーシー分布　Cauchy distribution　25, 40

サ　行

再帰的　recurrent　99
　　正——　positive——　103
　　非——　non-——　99
　　零——　null——　103
再生型の方程式　renewal type equation

82, 85, 87
再生過程　renewal process　80
再生関数　reproductivity function　81
再生性（分布の）　reproductivity (of a distribution)　52, 56
再生方程式　renewal equation　82
再生理論の主要定理　key renewal theorem　85

試行　trial　1
　——の独立性　independence of —— s　12
　ベルヌーイ——　Bernoulli ——　18, 65
事象　event　1
　——の独立性　independence of —— s　12
　積——　intersection (product) of —— s　2
　余——　complementary ——　1
　和——　sum (union) of —— s　1
指数分布　exponential distribution　22, 39, 70
　——のマルコフ性　Markov property of —— s　70
実験　experiment　1
シュヴァルツの不等式　Schwarz's inequality　48
周期　period　85, 98
　格子状分布の——　—— of a lattice distribution　85
周辺分布関数　marginal distribution function　28
純出生過程　pure birth process　73
条件つき　conditional
　——確率　—— probability　9
　——期待値　—— expectation　38, 41
　——分布関数　—— distribution function　28
状態　state　68
状態空間　state space　68
　離散的な——　discrete ——　68
　連続的な——　continuous ——　68
初到達時刻　first passage time　98

推移確率　transition probability　92
　——行列　—— matrix　93
　m ステップの——行列　m-step —— matrix　96
推移グラフ　transition graph　97
スケール・パラメター　scale parameter　23

正規分布　normal distribution　23, 25, 40, 56
　標準——　standard ——　23
生起率　intensity (of a Poisson process)　70
積の公式　multiplication law　10, 12
全確率の公式　total probability law　10

相関係数　correlation coefficient　45
相互到達可能　communicate　97
増分　increment　68

タ 行

大数の弱法則　weak law of large numbers　46, 57
（互いに）独立　(mutually) independent　11
互いに排反　mutually disjoint　2
たたみ込み　convolution　31, 33
　n 重の——　n-fold ——　33

チェビシェフの不等式　Chebyshev's inequality　45
チャプマン-コルモゴロフの方程式　Chapman-Kolmogorov equation　96
中心極限定理　central limit theorem　59

定常分布　stationary distribution　113, 116
添字集合　index set　67

同時分布関数　joint distribution function　26
到達可能　accessible　97
同値関係　equivalence relation　97
同値類　equivalence class　97
　再帰的な——　recurrent ——　102
　非再帰的な——　non-recurrent ——

索　引

102
とがり(分布の)　kurtosis　47
特性関数　characteristic function　54, 56, 77
　　ガンマ分布の——　——of gamma distribution　56
独立性(確率の)　(stochastic) independence　11
独立増分過程　stochastic process with independent increments　68, 70, 71
　　定常——　stochastic process with stationary independent increments　68
閉じている　closed　102

ナ　行

2項分布　binomial distribution　18, 20
　　——のポアソン近似　Poisson approximation to the ——　20
　　負の——　negative ——　34
2次元正規分布　bivariate normal distribution　28
2重確率的　doubly stochastic　123
2点分布　two point distribution　18

ハ　行

排反な事象　disjoint events　2
反射壁　reflecting barrier　94
反転公式(特性関数の)　inversion formula　55

非周期的(状態)　aperiodic (state)　98
標準偏差　standard deviation　43
標本関数　sample function　66
標本空間　sample space　1, 66
　　——の部分集合　subset of ——　1
標本点　sample point　1

復元抽出　sampling with replacement　9
　　非——　sampling without replacement　9
ブラックウェルの定理　Blackwell's theorem　85
分散　variance　43
分枝過程　branching process　87

分布関数　distribution function　16, 26
平均(値)　mean　36, 39, 41
　　——関数　—— value function　75, 81
平均吸収時間　mean time to absorption　107
平均再帰時間　mean recurrence time　103
平均到達時間　mean first passage time　103
平衡方程式　equilibrium equation　112
ベイズの公式　Bayes' formula　10
ベータ関数　beta function　21
ベータ分布　beta distribution　21, 39
ペロン－フロベニウスの定理　Perron-Frobenius theorem　120

ポアソン過程　Poisson process　66, 68, 69
　　非斉時——　non-homogeneous ——　74
　　複合——　compound ——　77
ポアソン分布　Poisson distribution　20
母関数　generating function　62
ボレル集合体　Borel field　3

マ　行

マルコフ性　Markov property　70, 92
マルコフ連鎖　Markov chain　92
　　周期的——　periodic ——　114
　　有限——　finite ——　108, 118

密度関数　density function　21
見本関数　sample function　66

モーメント　moment　47
　　——母関数　—— generating fuction　52

ヤ，ラ，ワ行

有向道　oriented path　97
ゆがみ(分布の)　skewness　47
ユール過程　Yule process　73, 88

余命分布　excess life distribution　83, 86

ランダム・ウォーク　random walk　94, 101,

104
離散型分布（離散分布） discrete
　distribtution　17, 44
離散時間の過程　discrete-time process
　67

連続型分布（連続分布） continuous
　distribution　21, 44

連続時間の過程　continuous-time process
　67
連続定理　continuity theorem　56, 57
連続補正　continuity correction　60
不―　discontinuity correction　60

ワイブル分布　Weibull distribution　35
和の公式　addition law　5

著者略歴

伏 見 正 則（ふしみ・まさのり）
1939 年　山梨県に生まれる
1968 年　東京大学大学院工学系研究科博士課程修了
現　在　南山大学数理情報学部情報システム数理学科教授
　　　　工学博士

シリーズ〈金融工学の基礎〉3
確率と確率過程　　　　　　　　　　　定価はカバーに表示

2004 年 9 月 30 日　初版第 1 刷
2021 年 12 月 25 日　　　　第12刷

　　　　　　　　　　　　　　著　者　伏　見　正　則
　　　　　　　　　　　　　　発行者　朝　倉　誠　造
　　　　　　　　　　　　　　発行所　株式会社　朝　倉　書　店
　　　　　　　　　　　　　　東京都新宿区新小川町6-29
　　　　　　　　　　　　　　郵便番号　１６２-８７０７
　　　　　　　　　　　　　　電　話　０３（３２６０）０１４１
　　　　　　　　　　　　　　Ｆ Ａ Ｘ　０３（３２６０）０１８０
　　　　　　　　　　　　　　https://www.asakura.co.jp
〈検印省略〉

© 2004〈無断複写・転載を禁ず〉　　　新日本印刷・渡辺製本

ISBN 978-4-254-29553-5　C 3350　　Printed in Japan

JCOPY ＜出版者著作権管理機構 委託出版物＞
本書の無断複写は著作権法上での例外を除き禁じられています。複写される場合は，そのつど事前に，出版者著作権管理機構（電話 03-5244-5088, FAX 03-5244-5089, e-mail: info@jcopy.or.jp）の許諾を得てください。

好評の事典・辞典・ハンドブック

数学オリンピック事典	野口 廣 監修	B5判 864頁
コンピュータ代数ハンドブック	山本 慎ほか 訳	A5判 1040頁
和算の事典	山司勝則ほか 編	A5判 544頁
朝倉 数学ハンドブック［基礎編］	飯高 茂ほか 編	A5判 816頁
数学定数事典	一松 信 監訳	A5判 608頁
素数全書	和田秀男 監訳	A5判 640頁
数論〈未解決問題〉の事典	金光 滋 訳	A5判 448頁
数理統計学ハンドブック	豊田秀樹 監訳	A5判 784頁
統計データ科学事典	杉山高一ほか 編	B5判 788頁
統計分布ハンドブック（増補版）	蓑谷千凰彦 著	A5判 864頁
複雑系の事典	複雑系の事典編集委員会 編	A5判 448頁
医学統計学ハンドブック	宮原英夫ほか 編	A5判 720頁
応用数理計画ハンドブック	久保幹雄ほか 編	A5判 1376頁
医学統計学の事典	丹後俊郎ほか 編	A5判 472頁
現代物理数学ハンドブック	新井朝雄 著	A5判 736頁
図説ウェーブレット変換ハンドブック	新 誠一ほか 監訳	A5判 408頁
生産管理の事典	圓川隆夫ほか 編	B5判 752頁
サプライ・チェイン最適化ハンドブック	久保幹雄 著	B5判 520頁
計量経済学ハンドブック	蓑谷千凰彦ほか 編	A5判 1048頁
金融工学事典	木島正明ほか 編	A5判 1028頁
応用計量経済学ハンドブック	蓑谷千凰彦ほか 編	A5判 672頁

価格・概要等は小社ホームページをご覧ください．